당신에게 나는 무엇입니까?

아무도 주목하지 않았던 도시재생 현장활동가들의
생생한 목소리를 담아낸다

저자 · 황지욱

들어가는 말

『당신에게 나는 무엇입니까?』는 아무도 주목하지 않았던 어느 공간계획가가 아무에게도 더 크게 주목받지 못했던 공간과 그 공간 속 모든 대상물을 의인화하여 던진 질문입니다. 어법에 맞춰 볼 때 "당신에게 나는 '누구'입니까?"라고 물어야 하겠지만, '누구'라고 하지 않고 굳이 '무엇'이라고 한 데는 한 가지 뚜렷한 이유가 있습니다. 우리는 크고 멋지고 강해 보이는 것에 대해서 쉽게 찬사를 보냅니다. 존경한다며 갖은 아양까지도 다 떱니다. 내면 깊은 곳을 들여다보기보다 겉으로 드러난 것에 마음이 훨씬 쉽게 끌리는 인간의 속성 때문일 것입니다. 반면에 우리가 살고 있는 주변의 작은 공간과 구성체 그리고 그런 것들을 계획하는 현장 속 사람에 대해서는 크게 주목하지 않습니다. 귀하게 대접하지도 않습니다. 그런 공간, 지금까지 관심 저편에 놓여 있던 공간의 구성체, 그리고 그런 관심 저편의 공간을 바둥거리며 재생시키고자 하는 현장활동가들을 우리는 한낱 도구와 같이 '무엇'으로 보지는 않았었는지 물음을 던져 봅니다.

"그렇게 대접하지는 않았던가요?"

그리고 이제 어느 공간계획가가 이에 대해서 때늦은 관심을 가져

보려고 합니다. 이것을 저는 '돌아봄'이라고 말하고 싶습니다. 누군가 그러더군요. '돌아봄'이란 다른 생명체와 달리 거의 유일하게 인간만이 가지고 있는 고귀한 성품이라고요. 눈을 돌려 뒤를 돌아보는 것이 아니라 옛일을 돌아본다는 차원에서, 그리고 주변의 다른 존재를 돌아본다는 차원에서 말입니다. 동물에게는 '돌아봄'이라는 인지 능력이 거의 없습니다. 돌아봄이 없는 동물에게는 대부분 힘의 논리인 약육강식만이 존재합니다. 잡아먹고 잡아먹히는 세상에서 함께 살아간다는 것은 팽팽한 긴장 속에서 먹잇감이 되지 않기 위해 긴장의 끈을 놓지 않는 것에 불과합니다. 강자처럼 보이던 존재 스스로도 어느 순간 어떻게 약자의 나락으로 떨어질지 모르기 때문입니다. 이것을 저는 공생이라고 말하고 싶지 않습니다. 이런 약육강식의 정글에서 존재의 목적이 상실된 상태가 된 채 살아가는 것, 이것은 사는 것이 아닐 수도 있기 때문입니다. 직업 활동을 하는 세계에 들어서는 순간 이런 인간성 상실의 삶이 더 뼈저리게 와닿기도 합니다. 그래서 조금이라도 경험이 많은 세대가 젊은 세대를 이런 상실감 앞에 무너지지 않도록 보호막이 되어 주어야 합니다. 이것이 '돌아봄'을 통해 이루어지지는 않을까요? 이런 차원에서 이 책을 써 내려갑니다.

　이런 '돌아봄'의 대상으로 제1장에서는 공간계획에 대한 몇 가지 일상 속에서 쉽게 만나는 주제를 놓고 다루어 보려고 합니다. 공간계획이라는 것이 어떻게 우리 사회의 어두운 곳을 어루만져 줄 수 있는지

고민해 보는 차원에서 말입니다. 왜 함부로, 그리고 아무 생각 없이, 기계적으로 계획을 남발하는 것이 무책임한 죄가 될 수 있는지도 살펴보려고 합니다. 그리고 제2장에서는 지금까지 이루어진 도시재생에 대해 우리가 어떻게 재생을 이루어 왔는지, 혹시 놓치던 것은 없었는지, 있었다면 무엇인지 돌아보려고 합니다. 그리고 마지막으로 제3장에서는 도시재생 현장 속에서 지난 몇 년간 몸부림쳐 왔던 젊은 현장활동가들을 주목해 보려고 합니다. 저와 함께 현장을 누비면서도 뒤편에서 아무 말 없이 일해 왔던 그들을 인터뷰 형식을 빌려 앞세워 보려고 합니다. 그들이 도시재생의 현장 속에서 펼쳐 온 멋진 생존의 몸부림도 전달하면서 말입니다. 큰 업적은 아니지만 끊임없이 마을주민들과 부대끼며 우리 사회의 균형과 발전을 위해 몸부림쳐 온 그들이 누구인지 그리고 왜 그들은 '무엇'이 아닌 '누구'로 대접받아야 하는지 그 모습을 드러내 보여야 할 것 같아서요. 아무도 눈길 한번 제대로 주지 않은 농산어촌 도시에서, 시골 마을에서, 내 마을도 아닌데 내 마을이라고 생각하며 내 손으로 바꿔 보겠다고 20대의 청춘을 뽑아 준 센터장 한 사람 믿고 줄기차게 달려온 그 모습을 멋지게 드러내 보이고 싶습니다. '돌아봄'이라는 마음을 통해 그들이 다양하고 수많은 일을 마친 뒤 존재의 이유도 모른 채 사라지는 그런 존재가 되지 않도록 하기 위해서 찬찬히 살펴보려고 합니다.

마지막으로 성경 속 이사야라는 선지자가 하나님께서 내려 주신 계시를 보며 쓴 글(이사야서 65장 25절)을 기억 속에서 꺼내어 보고 싶습니다. *"이리와 어린 양이 함께 먹을 것이며 사자가 소처럼 짚을 먹을 것이며 뱀은 흙을 양식으로 삼을 것이니 나의 성산에서는 해함도 없겠고 상함도 없으리라 여호와께서 말씀하시니라"* 대학생 때 성경을 읽다가 발견한 문구였는데, 제게는 상상할 수 없는 충격이었습니다. 그렇게 독이 가득한 뱀이 그냥 흙을 먹는다고요? 사자가 풀을 먹는다고요? 약육강식이 아닌 함께 평화롭게 어울려 사는 모습, 강자가 약자를 돌아보고, 해함도 없이 상하게 함도 없이 살아가는 세상이 존재할 수도 있겠구나 싶은 바람과 설렘이 제 마음을 흔들어 놓았습니다. 이런 세상이 실현되길 바라는 마음을 간직한 채 공간계획이란 학문을 배웠고, 지난 몇 년간은 도시재생의 현장 속으로 들어갔습니다. 인간에게 주어진 고귀한 가치인 '돌아봄'을 되새기면서 이사야 선지자가 예언한 평화로운 세상의 모습 일부를 가져다 놓고 싶다는 생각을 했습니다. 많은 사람이 "도시, 도시, 대도시를 향하여!"라고 외칠 때, 저는 '아니, 작은 곳, 아무도 돌아보려고 하지 않는 곳, 도시에서 멀리 떨어진 현장 그 속으로'를 다짐하며 들어가 보았습니다. 자격도 안 되고, 능력도 부족해서 연일 실수를 연발했고, 부족함을 드러냈지만 그래도 그런 모습 그대로 마을 속에 들어가 보았습니다. 그 속에서 무엇인가를 하나라도 해내 보겠다는 마을 주민분들을 만나 뵈면서 '돌아봄'이 얼마나 귀한 것인가 깨달았습니다. 이런 일에 20대의 젊음을 바치는 젊은이들이 함께 뛰어들었습니다. 이들이 첫 직장 생활을 기쁨으로 나누며 일궈 낸 이야기가 얼마나 귀한 경험인가 깨달았습니다. 그래서 그들과 함께한 이야기를 풀어 가고 싶습니다. 그들이 이 시대의 주역으로 등장할 수 있도록 말입니다.

2022년 8월 2일
건지산이 바라보이는 전북대학교 연구실에서
하해 황지욱 씀

덧붙이는 글

우리가 가져야 할 사고와 행동의 가치

21세기가 24년째로 다가가고 있습니다. 이제 76년만 지나면 22세기가 시작됩니다. "벌써~?"라고 하면서 깜짝 놀랍니다. 뉴밀레니엄이라고 말하면서 폭죽을 터뜨리던 날이 엊그제 같은데 21세기에 태어난 젊은이들이 건장한 성인, 대학생, 사회인이 되었습니다. 그런데 그들은 21세기를 살면서도 20세기의 사고에 물든 사람들에게 교육을 받고 자라야 했으며, 그들이 전해 주는 지식이 전부인 양 그것만 바라봐야 했습니다. 이것은 미래가 펼쳐지는 것이 아니라 과거가 반복되는 것처럼 느껴집니다. 19세기에나 있을 법한 우크라이나 사태를 보면서 전쟁의 위협 소식이 그렇고, 20세기의 고루한 사고에 찌든 정치인들(푸○, 시○○, 트○○)이 온 세상을 이리 휘두르고 저리 휘두르는 것을 볼 때 그렇습니다. 20세기를 실컷 살아온, 아니 19세기의 사고를 갖고 있던 분들에게 교육받은 노객들이 21세기에도 여전히 자신들의 권력과 가치관을 세상에 투영시키고자 몸부림치고 있는 것을 보면서 더욱 그런 비상식과 몰상식에 대한 생각을 지울 수가 없습니다.

이런 상황을 아픈 마음으로 느껴 오다가 2019년 5월 어느 날 빛나는 별이 가득한 밤하늘을 바라보며 이런 상상을 해 봤습니다. 글 제목을 *"돌아갈 곳이 없다면…"*이라고 적으면서요.

돌아갈 곳이 없다면….

얼마 전 무수한 별이 빛나는 밤하늘을 바라보며, '이 광활한 우주의 끝은 어디일까? 우리는 이 우주 속에서 어떤 존재일까? 왜 우리는 이 우주를 탐험하고 있을까?'라는 생각을 했습니다. 그러다 문득 한 소설 같은 생각이 떠올랐습니다. 두 명의 우주인을 태운 우주선이 지구를 떠났습니다. 수천만 년의 거리를 한 달의 광속으로 돌아보며 우주 끝을 확인하고 오겠다며 우주인들이 떠났습니다. 대기권을 빠르게 벗어난 뒤 그들은 "지구, 지구는 대답하라."라고 하면서 환희에 찬 메시지를 보냈습니다. 기쁨과 감격으로 수만 년 광속의 우주여행을 만끽하는 중이었습니다. 그런데 그새 지구는 전쟁에 휩쓸려 사라지고 만 것입니다. 지구는 대답이 없었습니다. 두 명만이 드넓은 우주에 남겨진 것이었습니다. 그 어디에도 인간이 존재하지 않는 무존재가 되어 버린 것입니다. '돌아갈 곳이 없다?' 떠나올 때만 해도 무한한 우주의 정보를 가지고 돌아갈 부푼 꿈이 있었는데…. 더 이상 이들은 그 어디로도 돌아갈 수가 없게 된 것입니다. 이 순간을 뭐라고 말할 수 있을까요? 한마디로 우주여행의 꿈이 공포 그 자체가 되어 버린 순간이 아닐까요? 게다가 그 엄청난 우주에 관한 정보조차 무용지물이 된 순간입니다. 처음 "지구, 지구는 대답하라."라고 환희에 차 외쳤던 교신의 목소리는, 이제 걷잡을 수 없는 마지막 울부짖음이 되었고, 한순간에 더 이상 헤어 나올 수 없는 절규가 되었고, 차마 뭐라고 말할 수 없는, 그냥 **끝**이 되어 버린 것입니다. 더 이상 우주라는 것은 아무 가치도 없는 것이 되어 버리는 것이죠. 아무도 없는 우주, 그건 없는 거나 마찬가지죠. 둘도 서서히 말라 죽는, 아니 어쩌면 이미 아무것도 눈에 들어오지 않는 식물인간이 되어 버렸을지도 모르겠죠. 몇 사람의 욕심에 의해 폭발해 버린, 이제는 존재하지도 않는 '돌아갈 수 없는 곳, 지구.'

이 상상은 공간계획가인 제게 이 지구를 어떤 마음가짐으로 대해야 하는가를 느끼게 하는 것이었습니다.[1] 다른 말로 '돌아갈 곳 내 고향, 돌아갈 곳 내 가정, 돌아갈 곳 우리 집' 이렇게 나와 내 겨레, 내 이웃, 내 가족 그리고 내 자녀의 마지막 보루가 되어 줄 '돌아갈 곳'은 정말로 소중한 곳입니다. 그렇기에 '돌아올 곳에 안심하고 돌아올 수 있도

---

1) 이런 상상은 독일에서 유학할 때 『성장의 한계The Limits to Growth』라는 책을 읽으며 29쪽에 적혀 있던 프랑스의 수수께끼인 '수련 이야기'에 충격을 받았던 그 기억을 21세기의 현실을 보며 나름대로 재구성한 것입니다. 아래에는 지구의 종말이 얼마나 코앞에 다가왔는지를 담은 내용인 수수께끼도 남겨 봅니다. 수련을 지구를 덮은 쓰레기 또는 쓰레기 같은 존재들이라고 바꿔서 읽어 보면 더 생생하게 느낄지도 모르겠습니다.

"하루에 2배씩 면적을 넓혀 가는 수련이 있다. 만일 수련이 자라는 것을 그대로 놔두면 30일 안에 수련이 연못을 꽉 채워(광합성을 할 수 있는 햇빛을 받지 못해 물이 썩고) 그 안에서 서식하는 다른 생명체들을 모두 사라지게 만들 것이다. 그러나 처음에 보기에는 수련이 너무 적어서 별로 걱정하지 않는다. 수련이 연못을 반쯤 채웠을 때 그것을 치울 생각이다. 29일째 되는 날 수련이 연못의 절반을 덮었다. 연못을 모두 덮기까지는 아직 며칠이 남았을까? 29일? 아니다. 남은 시간은 단 하루뿐이다." 출처: 『The Limits to Growth』, Donella H. Meadows et. al., 1972, Universe Books New York

록 평화롭게 지켜 내고, 행복하게 만들어 내려는 행위'는 인류를 위한 가장 위대하고 귀한 작업이라고 생각했습니다. 무엇보다 21세기를 살아가는 젊은 세대를 생각하면서 제 스스로에게 전율이 일었습니다. 그리고 '21세기를 21세기의 주역들에게 제대로 돌려줄 수는 없을까?'라고 고민했습니다. '21세기가 20년이 훌쩍 지났음에도 21세기를 주 무대로 살아가야 할 젊은 세대들이 조연이나 들러리에 불과해 보여야 하는 것은 무슨 이유일까?'라고 생각하니 서글퍼졌습니다. 상하의 계급적 지위로 21세기 젊은이들의 의견을 한낱 세상 물정 모르는 풋내기의 생각인 듯 가볍게 대하는 세상을 향해 저는 21세기의 인물들을 대변할, 아니 그들이 주역이 되어서 다가올 21세기의 나머지 2/3를 설계해 나가도록 토양을 만들고 싶었습니다. 이제 우리는 세상이 돌아가는 저 반동적 모습을 이겨 내고 진짜 평화와 공존 그리고 번영의 세상을 만들어 내는 공간계획의 주역을 키워 내야 한다고 생각합니다. 21세기임에도 '경쟁, 성장 일변도, 효율'만을 강조하던 가치가 팽배해 있던 20세기의 구태를 따라가기만 한다면 22세기가 되어도 우리는 다시 19세기의 전철을 밟을 수밖에 없으리라 생각됩니다. 이런 희망 없음을 끊어 버리는 큰 꿈, 위대한 꿈은 거창한 것이 아니라 숨어 있는 우리의 젊은이들을 공존과 공생의 가치 속에 키워 내는 것이라고 생각하게 됩니다.

"메네 메네 데겔 우바르신" 다니엘서 5:25

"세었다, 세었다, 달아 보았다, 나누었다."라는 뜻이다. B.C. 500여 년경 바벨론의 마지막 왕 벨사살이 1,000여 명을 자신의 궁으로 초대해 자신을 신격화시키며 온갖 자랑 속에 궁중 연회를 즐기던 때에 벽에 나타난 글이다. 갑자기 사람의 손가락이 나타나 아람어 글씨로 기록한다. 벨사살 왕이 기겁을 하며 그 뜻을 다니엘에게 묻자, 다니엘은 "메네는 하나님이 이미 왕의 나라의 시대를 세어서 그것을 끝나게 하셨다 함이요, 데겔은 왕을 저울에 달아 보니 부족함이 보였다 함이요, 베레스는 왕의 나라가 나뉘어서 메대와 바사 사람에게 준 바 되었다 함이니이다."라고 해석했다(다니엘서 5:26~28). 실제로 그날 밤 벨사살은 메대 사람 다리오에게 죽임을 당하고, 바벨론은 메대-바사 군대에 의해 멸망을 당하고 말았다(B.C. 539년경).

나를 달아 보는 분이 계신다는 것입니다. 사람의 눈은 속일 수 있으나 속일 수 없는 눈이 있다는 사실, 나를 재는 저울을 갖고 계신 분이 있다는 사실을 알고 살아야 하겠습니다. 그러면 아무리 잘났더라도 자신을 낮출 수 있지 않을까요? 그렇게 낮추는 사람, 그렇게 낮추고 말하는 사람, 그렇게 낮추고 행동하는 사람을 보고 계신 분이 있습니다. 세상은 이런 사람 앞에 부끄러워질 것이고, 무너질 것입니다. 나의 무게는 얼마일까요?

차 례

거짓 없는 기계처럼
김병식 님

하쿠나마타타,
꿈은 이루어진다
김지훈 님

허물어진 담장 너머로
찾아오는 계절
박은희 님

01

공간계획 그리고 재생,
우리는 무엇을
이루고자 하는가?

$$\left(\;1\;\right)$$

도시계획이든 도시재생이든
놓치지 말아야 할 대상과 목적은?

　여러분은 도시계획 또는 공간계획[2]의 핵심적 사명이 무엇이라고 생각합니까? 무엇을 어떻게 바꾸는 것이 공간계획가가 할 일일까요? 제가 펼치는 생각을 따라오기 전에 먼저 여러분이 생각하는 '내 삶의 도시계획'은 무엇일까 한 번쯤 미리 상상해 두면 어떨까요?

　세상에는 수많은 공간계획가가 존재하고, 그들이 쏟아 낸 국토계획, 지역계획 그리고 도시계획의 이론과 모형이 헤아릴 수 없을 만큼 많습니다. 또한 이런 공간계획과 관련된 책도 헤아릴 수 없을 정도

---

2) 의도적으로 '공간계획Spatial Planning'이라는 표현으로 '도시계획Urban Planning'이란 용어를 대체합니다. '도시'는 원래 시골과 도시를 구분하는 이분법적 잣대의 용어가 아니라 '도시화된 영역Urbanized Zone/Area', 즉, 사람들이 모여서 다양한 산업 구조를 형성하며 살아가는 모든 공간을 뜻한다고 보기 때문입니다. 그런데 우리나라에서는 유독 시골과 대비되는 '도시'라는 단어로 구분 지어, 그 영역을 이분법적으로 나누고, 한 영역으로만 국한하려는 경향이 있습니다. 이에 반하여 저는 지구상 어느 공간에서든, 그곳이 농촌이든 어촌이든, 도시화 과정이 이루어지는 곳은 공간이라고 놓고, 이곳에서 이루어지는 행위에 대한 계획을 공간계획Spatial Planning으로 그리고 그런 행위를 하는 사람들을 포괄하여 공간계획가Spatial Planner라고 부르고자 합니다.

로 많습니다. 찰스 젱크스라는 건축가이자 역사학자는 1920년대부터 2000년대에 이르기까지 20세기에 존재한 건축학과 도시학 분야의 학자들과 그들의 이론을 하나의 계통도 속에서 소개하는 작업을 해냈는데요, 이것을 들여다보고 있노라면 첫 장을 넘기기도 전에 빼곡한 이름에 질려 버릴 만큼 방대한 작업을 한 그가 나와는 너무도 다르게 보입니다. 게다가 그 책 속의 인물들이 쓴 책은 또 얼마나 많은지요? 그들 모두가 항상 비슷한 말만 했다면 대충 그들의 책 중 한 권만 골라서 읽으면 별다른 혼란을 느끼지 않을 텐데, 학자마다 너무도 제각각의 이야기를 건축이라는 장르의 연속성 속에서 던지니 읽어야 할 책의 수도 무수히 늘어나고, 그에 비례해 혼란도 가중되는 것 같습니다.

그림 1 찰스 젱크스의 20세기 건축가의 진화 나무

출처: "The Century is Over, Evolutionary Tree of Twentieth-Century Architecture" (Architectural Review, July 2000, p.77); 재인용 https://archidose.blogspot.com/2015/03/charles-jenckss-evolving-evolutionary.html 2022. 07. 04. 인터넷 검색

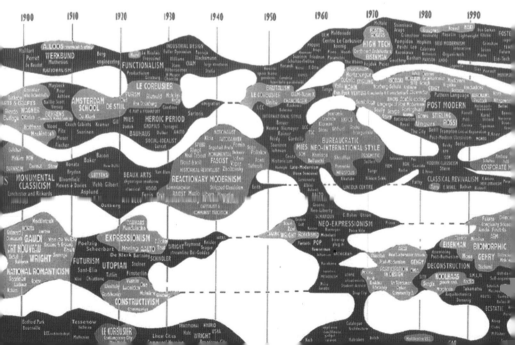

먼저 찰스 젱크스가 계통도에서 제시한 학자들의 분류 체계만 보아도, 다음과 같습니다.

- 논리적 이상주의자 *Logical Idealist*
- 자의식적 활동가 *Self-Conscious Activist*
- 직관적 활동가 *Intuitive Activist*
- 비자의식적 환경주의 *Unconscious Activist of Environment*

이런 분류 속에서 학자들 각각의 활동 영역이 독립적이지 않은 채 뒤섞여 있는 경우를 발견합니다. 대표적으로 우리에게 초고층 건물과 거대 도시 계획의 창시자로 알려진 르 코르뷔지에 *Le Corbusier*는 1920년대에 논리적 이상주의자 그룹 중에서도 기능주의 *functionalism*를 주창하는 부류의 가장 윗단에 속하는 듯했지만, 그의 작품 「현대도시 *Contemporary City: Ville Contemporaine*」에 근거해서는 맨 아래쪽 비자의식적 환경주의 쪽에도 속하는 것으로 배치되어 있습니다. 이렇게 되면 이제 우리는 헷갈리는 상황에 빠집니다. '도시계획을 수행하는 사람이 어떤 지향성을 갖고 활동하는 것은 아니었나 보구나?'라는 의구심과 함께, '그러면 우리는 무엇을 기준점으로 바라보아야 하는가? 무엇보다 근본적으로 다루어야 하는 공간계획·도시계획의 대상은 무엇이란 말인가?'라고 혼란스러워하면서 갈피를 잡기 어려워집니다. 물론 저는 이런 복잡 미묘한 학술적 분류를 학자들이 자신의 학술적 뛰어남을 자랑하려는 유희일 수도 있다고 말하곤 합니다. 그런 분류를 이해하지 못한다고 해서 무슨 큰 어려움에 빠지는 것이 아니기 때문입니다. 조금 더 체계적인 분류 속에서 학문과 학자들의 분포를 바라볼 수 있도록 해 주었다는 정도는 되겠지만 그것을 모른들 하등의 문제가 발생하지 않기 때문입니다. 다만 이런 분류 체계 속에서 놓치지 말아야 할 한 가지 사실은 존재합니다.

그것은 우리가 어떤 형태의 도시를 계획하든, 도시 구조에 대한 어떤 이론을 제시하든 학자들이 논하려는 가장 중요한 가치 판단의 기준으로 '사람과 그들에게 행복을 찾아 주려는 선의지'가 중심에 놓여 있다는 것입니다. 모든 계획과 모형은 지금 이곳에 살고 있는 사람이 어떻게 하면 가장 행복하게 살 수 있을까를 궁리해 내는 행위라고 볼 수 있습니다. 그것이 시대에 따라, 그리고 각자가 처한 상황에 따라 조금씩 달리 표현될 수는 있어도 모든 사고의 중심에는 '사람과 사람의 행복'이 놓여 있다는 것입니다. 그리고 그런 사람 중에도 '약자에 해당하는 사람'이 대부분 계획의 중심에 서 있었다는 것입니다. 이 사람을 위한 계획이 20세기를 관통하면서 더욱 세밀해지고, 구체화되며 그리고 다양한 방식으로 나타납니다.

여기서 '약자에 해당하는 사람'이란 누구를 말할까요? 1898년 미래의 『전원도시Garden Cities of To-morrow』를 쓴 에벤에저 하워드Ebenezer Howard라는 영국의 도시계획가는 산업 혁명기에 더럽고 칙칙한 주거 환경과 공해로 찌든 도시 속에 가난한 도시 노동자들을 약자라고 보았습니다. 하워드는 그들을 도시에서 꺼내어 전원생활을 영위하며 살 수 있는 유토피아로 이끌어 들이는 계획을 수립하였고, 이렇게 사는 공간을 *'Group of Slumless Smokeless Cities'*[3]라고 명명했습니다. 그에게 약자란 산업 혁명기의 도시 노동자였습니다. 그리고 이런 약자들이 공해로부터 벗어나 자연에서 농산물을 재배해 먹으며 전원 생활을 되찾는 것을 행복이라고 보았던 것입니다. 비슷하게 앞서 말한 프랑스의 건축가이자 도시계획가인 르 코르뷔지에(Le Corbusier, 원명은 'Charles-Édouard Jeanneret'입니다)에게 있어서도 도시 노동자 또는 도시 빈민층이 약자였습니다. 1920~1930년대에 제시한 「빛나는 도시 *Le Ville radieuse: the Radiant City*」의 구상[4]에서 그는 노동자들이 햇빛을 충분히 받으며 거주할 수 있는 초고층 형태의 건축물이 들어서고, 주변은 저층형 주택과 녹지대로 둘러싸인 300만 명 규모의 도시를 계획하였습니다. 이렇게 햇빛을 받으며 도시 생활을 영위할 수 있도록 하는 것이 약자를 위한 행복이라고 보았던 것입니다. 물론 현대 사회에 와서 이러한 초고층 건축을 이용한 해결 방식이 옳은지 아니면 그른지에 대해 엇갈린 평가가 존재하지만 말입니다.[5]

---

3) E. Howard, 1898, *A Peaceful Path to Real Reform*, London SWWAN SONNENSCHEIN & Co., LTD. Paternoster Square.; https://en.wikipedia.org/wiki/Ebenezer_Howard, 인터넷 검색, 2022. 07. 31., 재인용

4) Robert Fishman, *'From the Radiant City to Vichy: Le Corbusier's Plans and Politics, 1928~1942*, Apr. 23. 2021., MIT Press Open Architecture and Urban Studies·The Open Hand; https://en.wikipedia.org/wiki/Ville_Radieuse, 인터넷 검색, 2022. 07. 31., 재인용

5) 왜 그렇게 갈리는지에 대해서 함께 모여 토론해 보면 정말 좋을 듯합니다. 토론하고 싶은 분들께서 연락(jwhwang@jbnu.ac.kr)을 주시면 기회의 장을 열어 보도록 하겠습니다.

약자의 대상은 시대가 지나며 계속해서 바뀌고 있습니다. 나라마다 처해 있는 상황이 달라지기 때문입니다. 사회학자들이 보는 약자의 폭만 하더라도 상상 이상으로 넓습니다. 공간계획가들도 어떤 사항을 기준으로 보느냐에 따라 장애를 가진 분들만이 약자가 되기도 했고, 주거가 불안정한 저소득 계층만이 약자가 되기도 합니다. 오늘날과 같이 심각하고 돌발적인 환경 재난이 발생하는 상황에서는 이런 재난·재해에 쉽게 노출되는 대도시 시민의 다수도 피해 앞에 노출된 잠재적 약자로 간주됩니다. 그래서 우리나라의 경우 어느 정도 경제 성장을 이루고 삶의 질을 추구하는 시점에 이른 1990년대에 와서는 교통 약자로 모든 보행자를 편입하면서 그들의 보행권을 보장한다는 장애 없는 도시, '무장애 계획*Barrier-free Plan*'을 제시하기 시작하였고, 2000년대에 들어서는 저소득 계층의 주거 기본권을 확보해 주는 '공공 임대주택 정책'을 강력하게 제기하기에 이르렀던 것입니다. 그리고 21세기를 살아가고 있는 우리에게는 급변하는 기상 이변이 인구가 집중해 있는 대도시의 도시민을 위협하는 환경 재해 요인으로 작용하고 있어 공간 정보를 기반으로 재난 재해 예방형 도시 계획을 수립하기도 하고, 지능형 첨단 교통 시스템을 구상하면서 도시민을 환경적 약자로 간주하고도 있습니다. 이렇게 광의의 해석을 기반으로 약자들을 위한 도시 계획이 이루어지고 있습니다.

　이렇게 해석의 대상이 넓혀지는 과정에서 계획가들의 의식 속에 더욱 변치 않고 뚜렷이 나타난 사실은, 사회적 성장의 시대에 처해 있든 변화를 맞이하는 시대에 접어들든, 사회적 혜택을 누리기보다 이를 창출해 내기 위하여 사회의 뒤편에서 고귀한 삶을 바쳐 온 분들을 사회적 약자로 간주해 왔다는 점입니다. 이들이 바친 희생적 삶을 고귀하게 여기는 과정 속에서 공간계획의 깊이가 깊어졌던 것입니다. 이런 차원에서 저는 국토의 불균형 구조가 나은 위기 상황을 들여다보면서 지방에 사는 모든 분이 우리 사회가 진지하게 대해야 할 숭고한 약자라고 생각하게 됩니다. 그분들은 아무에게도 크게 주목받지 못한, 하지만 우리 시대의 성장을 위해 숭고하게 삶을 바쳐 온 헌신자라는 생각이 들기 때문입니다.

몇 해 전부터 '폐교, 저출산, 인구 격감, 지방 소멸'이라는 단어가 우리 사회 전반에 퍼졌습니다. 어느 도시가 가장 빠르게 소멸하게 될지를 걱정하며 일부 학자는 '축소도시 모델*Shrinkage urbanplanning Model*'을 대안으로 내놓기도 했습니다. 겉으로는 그럴싸한 표현입니다. 쇠퇴*Deline*라는 부정적 용어를 대체하는 축소*Shrinkage*를 사용하여 지방도시의 규모나 행동반경 등을 재조정하겠다는 주장입니다. 농산어촌의 쇠퇴 속에서 그곳에 사는 분들을 한곳으로 모아 불필요한 생활 동선을 줄여 드리겠다는 생각이 반영된 것 같습니다. 하지만 솔직하게 까놓고 보면 지방도시를 이미 죽어 갈 수밖에 없는 도시라고 전제한 뒤에 그저 최소한의 공간에 최소한의 시설을 집중하여 최대한의 효율이 나타날 수 있도록 계획을 수정하겠다는 이야기로밖에 들리지 않았습니다. 마치 소멸 위기의 도시라고 진단을 받은 곳에 대해서는 산소

호흡기를 급하게 떼어 내기보다 연명 치료로 유지하겠다는 생각과 다를 바가 없어 보였다는 것입니다. 쇠퇴란 어쩔 수 없는 것이니 효율적이고 압축적인 관리가 최선의 선택이라는 논리를 가져다 붙이면서 말입니다. 이것이 지난 50여 년간 한 나라의 경제 성장을 위해 모든 생산품을 다 지원한 지방도시에 돌려주는 보상입니다. 이 논리가 정말 최선일까요?

기왕 말을 꺼낸 김에 한 가지만 더 말하려고 합니다. 저는 서울에서 태어나, 서울에서 학교를 다녔고, 서울을 떠나 다른 곳에서 살면 큰일이라도 날 것처럼 여겼었습니다. 저는 서울이 세계 최고의 도시라고 교육받으며 컸습니다. 미국의 New York, Chicago, LA 등과 견줄 수 있고 조만간 동경을 뛰어넘는 도시가 될 거라는 자부심을 가지면서 말입니다. 뭐든지 1등인 도시가 서울이었습니다. 서울을 키워야 했습니다. 그런데 독일로 건너가 공부하면서 살게 된 도시 그리고 그곳에서 만난 사람들, 그곳은 인구 100만 명이 안 되었는데 오히려 자기 고향과 자기가 살고 있는 곳에 대해 자부심이 넘치는 학생들의 모습에 놀랐습니다. 공간계획 *Raumplanung: Spatial Planning* 을 전공하며 인구 10만 명가량의 작은 도시들이 오밀조밀 모일 수 있도록 계획하는 것을 보면서, 개발에 따른 이익보다 보존에 따른 공동체의 가치, 하나의 대도시가 과밀로 몸살을 앓기보다 여러 작은 도시가 도시군을 이루며 협력적 공동체를 형성하도록 계획하는 모습에 놀랐습니다. 독일의 지리학자이자 도시계획가인 발터 크리스탈러 *Walter Christaller,*

*1893~1969*도 중심지 이론*Theorie der zentralen Orte: Central Place Theory*을 통해 이러한 작은 도시군이 더 큰 도시와 어떠한 위계를 이루며 연계되어 있고, 얼마나 촘촘하게 유기적 연결망을 형성하고 있는지 제시하였습니다. 1990년 독일의 통일 이후 이 이론은 지역의 중소 도시들을 하나의 공동체처럼 활성화시키는 분산적 집중*Dezentrale Konzentration: Decentralized Concentration*과 네트워크 도시 체계*Network Urban System* 등으로 발전하여 계승되고 있습니다. 독일은 자국을 가리켜 세계에서 가장 균형적으로 발전한 나라요, 어디에서 살든 어디서 사업을 하든 가장 안정적이고 효율적이며 경쟁력 있는 성과를 거둘 수 있는 나라라고 자부하고 있습니다. 굳이 좋은 대학에 가기 위해 우리처럼 '인 서울*In Seoul*'을 외칠 필요도 없습니다. 사업을 하기 위해 본사를 서울에 둘 필요도 없습니다. 좋은 병원을 가기 위해 서울로 왔다 갔다 할 필요도 없습니다. 서울 밖에 사는 사람들에게 이동에 따른 경제적 비용, 사회적 비용, 시간 비용을 다 전가시켜 버리지도 않고 있습니다. 인구 50만 명이 안 되는 도시에도 대중교통으로 지하철(S-Bahn과 U-Bahn)이 거미줄처럼 촘촘히 갖추어져 있었습니다. 위계와 체계를 원칙으로 지역마다 장점을 갖춘 전문성 있는 병원과 스포츠 시설, 문화 시설 등 문화·체육·복지·교육·의료 시설을 골고루 갖추어 놓고 있습니다. 지금 그들은 '30분의 도시'를 자랑하고 있습니다. 대중교통으로 30분이면 어느 곳에 살든 필요한 시설에 도달할 수 있는 구조를 만들

어 놓았다는 것입니다.[6]

축소도시라는 것을 무조건 잘못된 방향이라고 말하지는 않으렵니다. 축소도시도 공간과 그 공간에 형성된 정주 체계를 놓고 지금의 시점에서 현실적이고 효율적인 대안이라고 찾아낸 결과일 수 있기 때문입니다. 하지만 축소도시를 계획하더라도 그 공간에서 살고 있는 분들의 삶, 직업, 이동 형태에 대해서 좀 더 깊은 고민을 한 뒤 최종적인 계획을 수립할 필요가 있다고 봅니다. 농어민은 축소도시로 만들어진 곳에 모두 모여 살 수 없습니다. 직업 활동이 태풍이나 가뭄 등 자연환경의 영향에 뚜렷이 노출되어 있어서 때로는 논이나 밭, 또는 바다와 가장 가까운 곳에서 살다가 가장 빨리 현장에 나가 대응 작업을 해야 합니다. 도시에서 생활하는 도시민과 달리 이분들은 밤에도 또는 새벽에도 논으로 밭으로 그리고 바다로 달려가야 합니다. 그렇기 때문에 직업의 현장에 밀착해 살 수밖에 없는 정주 구조를 띠고 있습니다. 이런 점을 고려할 때 인구가 감소하고 있는 농산어촌에 굳이 축소도시를 만들어야 한다면 이분들의 활동과 이동 동선을 즉각적으로 보장할 수 있는 실행 프로그램도 함께 계획되어야 합니다. 주거 공간의 밀집만이 아니라 이분들의 생활 양식을 고려한 세부적이고 세밀한 프로그램도 함께 구성될 때 축소도시 계획이 받아들여질 수 있다는 것입니다.

---

6) Gerhard Stiens and Doris Pick, 1998, 『Die Zentrale-Orte-Systeme der Bundesländer』, Vol. 56, Raumforschung und Raumordnung., pp. 421~434.

균형의 가치를 가장 우선적인 국토계획과 도시구조의 이상으로 생각하며 저는 21세기가 갓 출발하려던 무렵, 지하철과 같은 입체 교통 시스템 하나 제대로 갖춰져 있지 않은 지방도시로 들어와 살기 시작했습니다. 그리고 최근에는 여기서 더 떨어진 인구 10만 명도 되지 않는 어느 농촌 도시에서 도시재생지원센터장을 맡아 왔다 갔다 하면서 아무렇지 않은 듯 시골 동네를 보아 왔습니다. 사실 아무렇지 않은 것이 아니었습니다. 새로운 것이라고는 거의 없고, 대부분 낡고 오래된 것만 가득 찬 공간 같은 시골 동네를 왔다 갔다 할 때마다 마음이 아팠습니다. 대도시의 북적거림과 활기참은 찾아보기 어려웠습니다. 함께 다니던 어느 젊은 분이 아무렇지 않게 내뱉었던 '이런 곳에도 사람이 사네~'라는 말은 피를 거꾸로 솟게 만들었습니다. '이런 곳이라니? 자기는 얼마나 잘났기에~'라는 말이 목구멍까지 튀어 올랐습니다. 참느라 힘들었습니다. 하지만 이것이 이 세상을 보는 우리의 일상적인 가치관이었습니다. 그곳에서 만난 분들도 회의 때면 "내가 왕년에~"라고 침이 튀어라 외치며 자기주장을 하셨지만 그 큰 목소리는 다른 한편으로 "나를 무시하지 마~"라는 부르짖음과 같았습니다. 2021년 도시재생박람회에 지방도시의 우수 재생 사례를 홍보할 목적으로 주민의 목소리가 담긴 홍보 영상을 만들었는데 그 내용은 제 마음을 저미게 하였습니다.[7]

---

7) 제3장의 고창군 도시재생지원센터의 현장활동가들이 들려주는 생생한 목소리에도 이 이야기는 모든 활동가의 마음속에 자리 잡은 울림인 듯합니다. 이 책의 글을 쓰고 엮어 낸 저 자신도 책의 뒷부분을 읽으면 읽을수록 뼈저리게 와닿는 바가 커집니다.

"꾸부러지고 못생긴 나무가 선산을 지켜. 반듯하고 좋은 나무는 베어 가 버려~ 못난 놈만 남은 것이 이제 본바닥을 지키는 것이여~"

자신들은 못난 놈이었습니다. 그렇게 대도시를 위해, 국가 발전을 위해 아무 권력도 없이 오직 몸뚱이로 일하며 한평생 모든 것을 내어 준 분들이었지만 그분들은 못난 놈, 주름만 쭈글쭈글한 늙은이, 인구 소멸 지역에서 빠져나올 수 없는 이등 국민이었습니다. 어느 대도시의 젊은이가 이런 말을 한 적이 있다고 들었습니다. "아니, 지역 불균형 해결하라고 볼멘소리만 하지 말고 그냥 대도시로 나와서 살면 되잖아요." 이 말을 들으면서 마리 앙투아네트 Marie Antoinette d'Autriche 가 생각났다고 하면 너무 과한 것일까요? 물론 마리 앙투아네트는 그런 말을 한 적이 없다고 하는군요. 곰곰이 생각해 보면 이런 말을 그저 감정적 질타의 대상으로 여겨서는 안 될 것 같습니다. 오히려 지방에 대한 이해 부족이 우리에게 얼마나 깊이 뿌리를 내리고 우리의 사고를 지배하는 논리인가 느끼게 합니다. 대도시 중심적 사고, 효율성만을 강조하는 사고, 경험하지 못한 곳의 사람들에 대한 공감 능력의 부재는 우리 사회 구성원의 현주소를 대변하는 것 같습니다. 지방 소도시의 주민은 대도시에 나가 살려고 해도 살 수가 없습니다. 현실적으로 시골집 한 채 팔아서 대도시의 방 한 칸도 구할 수 없는 경제적 격차 때문입니다. 게다가 먹고살기 위해서는 적절한 일자리가 있어야 할 텐데 평생 농산어촌에서 살아온 분들에게 도시는 적절한 일자리를 세평애 무시 않습니다. 그렇니고 씨빙교시의 싦이 녹록한 짓민도 어닙니다. 하염없이 쇠퇴해 가는 상황을 바라보면 마지막 산소마스크를 쓰고 있는 축소도시라는 병실 속 공간에 갇혀 있는 것과 비슷해 보이기 때문입니다.

시대가 바뀌고 첨단을 앞세우는 기술 발전이 세상을 뒤덮는다고 하더라도, 그리고 아무리 멋지고 휘황찬란한 초고층 도시가 곳곳에 지어진다고 하더라도, 건강한 인류의 삶을 위해서 신선한 농산품을 공급하고 천혜의 자연환경을 제공해 온 농산어촌을 떼어서 생각할 수 없습니다. 청정한 식량 생산의 진원인 농산어촌은 모든 인류를 위한 생명의 보고라고 할 수 있습니다. 천혜의 자연환경을 바탕으로 신선한 공기와 심미적 안정을 제공해 주는 곳을 근시안적인 생산성과 효율성의 잣대로 무가치한 듯이 판단해 버려서도 안 됩니다. 세계는 도시-농촌의 이중 구조 체계를 균형감 있게 유지해야 하며, 지방도시가 제공하는 청정의 자연 자원을 바탕으로 생명력을 유지해야 합니다. 무엇보다 이런 말로 평가할 수 없는 눈에 보이지 않는 정말 귀한 가치가 농산어촌에 있습니다. 이러한 생명의 보고인 농산어촌과 그곳에서 생산 활동을 하고 계신 주민이 사람답게 대접받으며 살 수 있도록 만들어 주는 것은 공간계획가만이 할 수 있는 약자 없는 세상을 만들어 가는 근본적 노력이라고 볼 수 있습니다. 아니 더 근본적으로 이곳에 도시민들과 젊은이들이 들어가 자연과 어우러져 마음껏 뜻을 펼치며 살 수 있도록 만들어 내는 것이 공간계획가만이 제시해 줄 수 있는 능력이라고 봅니다. 이 가운데 지방과 지방에 살고 계신 주민이 자존

감을 회복할 수 있도록 계획하는 행위는 공간계획가가 결코 놓쳐서는 안 될 숙명적 과제라고도 볼 수 있습니다. 시골이 다 낡고 늙어 보였지만 공기와 개울물은 가장 깨끗하고 젊었습니다.

그렇다면 우리는 이 숙명적 과제를 어떠한 방식과 형태로 풀어 가야 할까요?

작지고 못생긴 나무가 선산을 지켜

반듯하고 좋은 나무는 베어 가버려

똑똑하고 잘난 놈은 다 나갔어. 객지로

2

지역 불균형성 그리고 지방도시의 소멸,
어떤 계획과 방식으로 풀어 가야 할까?

    먼저 우리는 지역 불균형성 그리고 지방도시의 소멸이 왜 일어나게 되었으며, 많은 계획가는 어떻게 접근해 왔는지 살펴볼 필요가 있습니다. 이때 불균형을 해소할 혜안을 발견할 수 있을 것 같습니다.

    20세기는 과학 기술의 진보를 바탕으로 세계가 경쟁적으로 성장을 추구하던 시대였습니다. 경제적 성장은 인간이 더 나은 생활, 잘 먹고 잘살려는 본성과 직결된 것이었습니다. 이런 점에서 우리나라도 20세기의 한복판에서 이런 경제 성장 지상주의 정책을 강하게 펼쳐 왔습니다. 무엇보다 부존자원 하나 제대로 없는 나라요, 소득 수준도 낮은 나라에서 성패의 열쇠는 한정된 자원을 어떻게 하면 가장 효율적으로 활용하느냐 하는 것이었습니다. 이런 상황에서 한정된 재원을 가장 경쟁력 있는 특정 공간에 효율적으로 투입하여 발전을 극대화해야 한다는 알버트 허쉬만 *Albert Otto Hirschman, 1915~2012*의 '불균형성장론'[8]은 정부가 받아들이기에 가장 좋은 계획 이론이었습니다. 정부는 불균형 성장 정책을 밀어붙일 분명한 명분을 얻은 것이었고, 농산어촌은 이런 정책에 맞춰 그곳에서 생산되는 모든 자원을 가장 역동적으로 내어 주었습니다. 대도시 자녀의 성공만을 위한 '시골 어머니'처럼 말입니다. 그리고 오늘날 대한민국은 외형적으로 세계 10대 경제 대국이 되었습니다.

하지만 1970년대로부터 쉰 해가 훌쩍 지난 지금 그렇게 모든 것을 내어 준 '생산의 보고' 농산어촌은 그저 소멸 위기 지역 그 이상도 이하도 아닌 처지가 되었습니다. 새마을 운동이니 도시 재생이니 하면서 농자천하지대본(農者天下之大本)을 오랫동안 외쳐 댔음에도 말입니다. 그래서 저는 불균형성장론을 내세운 허쉬만이나 성장 거점 이론 Growth Pole Theory을 내세운 페로우 François Perroux의 공과를 두 눈 부릅뜨고 살펴볼 필요가 있다고 생각합니다. 우리 사회의 성장을 주도한 정책 이론의 바탕이 되기도 하였지만 불균형과 지역 격차를 헤어 나올 수 없는 구렁텅이로 몰아넣었다고도 생각하기 때문입니다. 이 이론은 이미 산업화가 이루어져 있는 대도시 지역만을 효율성과 역동성의 중심지로 보았고, 제조업과 같은 산업의 집중성을 지역 발전의 핵심(성장의 극, Growth Poles)으로 내세워 왔습니다. 무엇보다 실제에 있어서 이것의 파급 효과인 지역의 균형 발전으로 이어지기까지는 수십

---

8) Albert Hirschman, 'The Strategy of Economic Development', Yale Studies in Economics: 10.) New Haven: Yale University Press, 1958.

년에 가까운 시간적 격차와 사회적 양극화를 보여 왔고, 사업 초기에는 오히려 모든 투자 재원, 인적 자원 그리고 기반 시설을 빨아들이는 블랙홀로 작용했기 때문입니다. 결국 불균형의 간극은 시대가 지날수록 더욱 커지게 됩니다. 그렇기에 1960~1980년대를 풍미했던 계획 이론이 당시의 시대적 논리였다면, 2000년대는 이제 대도시와 지방 중소도시가 공존할 수 있는 지역 균형 발전 모형과 계획이 필요한 시점이라고 봅니다. 대도시가 모든 좋은 것을 몰아 갖는 사회가 아니라 균형의 가치 *Value of Balance*와 연계의 원리 *Principle of Linkage*에 따라 배분하고 협력할 줄 아는 능력을 갖추는 그런 사회 구조를 만들어 가야 한다는 것입니다. 이 말은 무엇을 뜻할까요? 많은 대도시민이 중소도시에도 대도시 수준에서 누릴 수 있는 온갖 기반 시설을 다 갖추어 내라고 요구하는 것 아니냐고 묻습니다. 아닙니다. 그것은 괜한 기우요, 곡해입니다. 도시만 해도 큰 도시, 작은 도시, 오래된 도시, 새로 만들어진 도시, 바닷가 도시, 산골 도시 등 다양한 규모와 다양한 형태가 있습니다. 그것을 획일적으로 만들 수 없습니다. 그리고 그렇게 대도시의 것을 다 가져다 놓는 것이 균형이 아닙니다. 그런 논리를 가져다 대며 균형을 폄하하려 든다면 그것은 기울어진 운동장을 계속 기울어지게 만들겠다는 말과 다를 바가 없습니다.

균형이란 가장 근본적으로 한 나라의 국민으로서 기본적으로 누려야 할 국민 권리가 박탈되지 않도록 공공 정책과 예산 지원을 통해 권리 행사의 균등한 기회를 회복시켜 나가는 것입니다. 경제적으로 기울어진 운동장이라는 여건 속에서 살고 있는 지방의 기울어짐이 완화될 수 있도록, 그 격차가 좁혀질 수 있도록 공공 정책을 펼치는 것입니다. 그래서 점점 초격차 시대로 빠져들며 나타나는 국토 불균형, 지방 소멸의 위기 상황을 벗어나자는 것입니다. 균형의 가치와 연계의 원리는 20세기를 지배해 온 대도시 중심적 가치와 효율적 재원 투자라는, 어떻게 보면 '한쪽으로 치우침'이라는 사고 원칙보다 더 큰 가치가 있음에 눈을 돌려 보자는 것입니다. 특정 대도시 중심적 가치가 빚어 온 불균형과 격차의 심화, 소외 의식의 만연, 지방 소멸을 넘어 대한민국의 소멸까지 걱정해야 하는 위기의식을 털어 버리고 새로운 생존의 거점, 부의 거점을 지역 확산을 통해 창출해 보자는 것입니다. '부(富)의 거점', 확~ 끌리는 말 아닌가요? 효율성이란 고도로 발전한 사회일수록 쥐어짜 내어야 하는 정도가 심각해집니다. 그렇다고 기대한 만큼의 효율성 개선이 이루어진다고 보장할 수도 없습니다. 하지만 지역의 균형 발전을 추구하면 그 과정에서 나타나는 경제적 효율성은 대도시의 그것과 비교가 되지 않을 만큼 두드러지게 나타날 수 있습니다. "여기서 어떻게 살 수 있을까?"라고 걱정하게 만드는 낡고 오래된 그리고 부족한 기반 시설을 하나씩 찾아내고 해소해 나갈 때 사람들 마음속의 인식이 바뀌기 시작합니다. 그리고 새로운 일자리를 창출해 살 만한 곳으로 인식되기 시작할 때 새로운 인구 유입, 새로운 소비 시장의 형성, 새로운 일자리의 창출이 가능한 선순환 구조가 이루어집니다. 우리에게도 이런 가치를 일부 실현시킨 '혁신도시와 기업노시 정책'이 있었습니다. 그중에서도 공공기관의 지방 이전을 통한 혁신도시 모형은 실행에 옮겨진 지 20여 년이 지난 지금 지방에는 생수와 같은 지역 균형 발전의 모형이 되고 있습니다. 물론 여전히 서울에 거처를 두고 지역으로 이주하지 않은 종사자들이 꽤 있으나 지역에 거처를 두고 지역 본사에서 근무하는 새로운 세대들이 꾸준히 늘어나고 있습니다. 지역 정착이라는 의식의 전환이 이루어지고 있는 상황입니다. 이를 촉진하기 위하여 지방자치단체마다 새로운 유관 기관의 이전, Start-up의 탄생을 위해 끊임없이 제도를 정비하면서 지역 발전을 도모하고 있습니다. 시간이 지날수록 이 효과는 더욱 커질 것으로 기대됩니다. 과거 모든 최고의 기반 시설을 한곳에 모아 두었던 초일극의 도시 구조에서 다양한 지방도시를 기반으로 상대적으로 골고루 펼쳐진 분산형 지역 발전의 전환점이 마련된 것입니다.

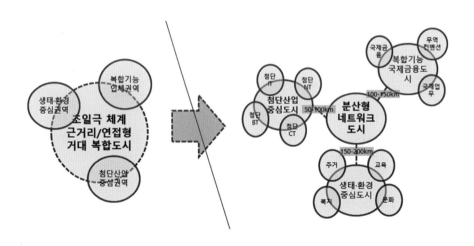

그림 2 일극형 단핵 구조와 분산형 네트워크 도시 구조

바로 앞의 그림에서 보듯이 하나의 공간이 네 개의 공간으로 분화되고 있음을 알 수 있습니다. 이러한 분화는 단순히 어느 특정 지방한 곳만의 생존을 뜻하는 것이 아닙니다. 오히려 이러한 분화를 통해 단핵 구조의 대도시를 지지하는 새로운 주요 거점이 탄생되는 것입니다. 독일의 '분산적 집중 *Dezentrale Konzentration*' 모델을 눈여겨볼 필요가 있습니다. 우리나라가 세계적 기업들의 아시아 지사를 유치하고자 할 때 서울이 기업 입지로 대단히 매력적임을 자랑하는데, 독일은 유럽 지사를 유치할 때 베를린보다는 셀 수 없이 많은 도시를 기업 입지로 자랑하고 있습니다. 이제 공공계획가는 이런 분산적 네트워크가 더욱 확대되고 확산될 수 있도록 제2단계의 균형 발전 정책을 펼칠 필요가 있습니다. 그와 더불어 민간 기업의 꾸준한 지방 이전과 확산, 외국 기업 유치를 위해서 그들이 우려하는 요인들을 해소하고 선호하는 사안을 찾아내어야 합니다. 물론 민간 기업의 지방 이전이 단순히 이전 효과에 불과하다고 비판할 수도 있습니다. 하지만 초고속 광역 교통망과 정보 통신망을 기반으로 하는 사회에서 민간 기업의 지방 이전은 쾌적한 정주 여건을 기반으로 생산성과 효율성을 더욱 증대시키는 기회를 창출할 것입니다. 국가적으로 과잉 집중에 따른 과적도시가 양산해 내던 지가앙등, 비효율 적체의 문제도 해소할 수 있습니다. 이것을 대표하는 계획 모형이 '하이 테크노폴리스 파크 *High Technopolis Park*' 모형이라고 할 수 있습니다. 첨단 기술과 청정 산업을 대표하는 '테크놀로지', 도시와 주거를 대표하는 '폴리스' 그리고 환경적으로 쾌적한 여건 속에 교육·문화·레저의 생활 환경을 연출한 공원형 단지가 결합된 모형입니다. 우리나라에서는 대전의 대덕 연구 단지가 대표적인 사례에 해당합니다. 현재는 기업도시 전략을 통해서 이러한 도시를 창출해 내고자 시도하고 있습니다. 이렇게 복합적 기능을 하나로 엮은 도시를 창출할 때 부가가치도 극대화할 수 있습니다. 세계는 이미 이런 복합적 관점에서 도시를 재생하고 개발하고 있습니다. 이 속에 기존의 거대 도시에서 느꼈던 인구 과밀과 교통 정체에 따른 피로도를 해소할 수 있는 '직주근접'의 도시 계획적 계획 원리가 담겨 있습니다.

그리고 '하이 테크노폴리스 파크 원리 *Principle of High Technopolis Park*'가 도입된 지방 거점도시를 핵으로 또다시 분산적 집중의 도시 위계를 만들어 갈 필요가 있습니다. 지방 거점도시와 그 하위의 농산어촌 도시 간의 대중교통망 연계를 강화하여 '30분 도시'를 구상하고 실현에 옮기는 것입니다. 더불어 농촌형 도시의 협력 네트워크를 수평적 도시 연대의 이론적 근거로 응용할 수 있습니다. 전통적으로나 역사적으로 유사한 생활권을 이루어 왔던 농촌형 도시 3~4개가 공동의 도시 계획을 수립하면서 공생할 수 있는 협력적 계획 체계를 수립하며, 님비와 핌비 시설에 대한 공유와 배치 방안도 모색하는 것입니다. 예를 들어 인구 3~4만 명 규모의 A, B, C 세 도시가 있습니다. 이 도시들을 대상으로 민간 기업에서 복합 스포츠 센터 건립에 대한 제안서를 받겠다는 공모 서류를 제출했습니다. 최적 입지를 제공하고 적절한 대응 투자를 제시하는 곳에 투자하겠다는 것입니다. 세 도시 모두 비슷한 환경 속에서 최적 입지라고 주장할 만한 근거가 충분합니다. 그래서 자신의 관할 구역에 위락 시설이 포함된 복합 스포츠 센터를 짓고 싶어 합니다. 하지만 어느 도시도 도시 규모로 볼 때 소형 스포츠 센터 하나도 지을 형편이 되지 못합니다. 서로 과도하게 경쟁하다가는 상처와 앙금만 심하게 남고 일이 무산될 수 있습니다. 유일한 해결 방안은 세 개의 도시가 자치적 행정 협약에 근거해 하나의 계획 협의체를 이루고, 그 협약에 근거해 A와 B 지자체가 먼저 양보할 경우 차기 사업에 대한 우선권을 갖는 방식을 마련하는 것입니다. 또는 복합 스포츠 센터를 통해 얻을 수 있는 운영 수익이나 여타의 공동 투자 예산을 기반으로 세 개의 도시에서 꼭 해결해야 하는 비선호 님비 시설을 C 도시의 행정 구역 내에 짓는 방안을 마련하는 것입니다. 더 나아가 차기에 국비가 확보된 신규 사업을 진행할 때는 A와 B 지자체에 우선권을 부여하는 것입니다. 이와 같은 방식으로 과도한 경쟁을 피하고 꼭 해결해야 하는 광역적 님비 시설의 배치 문제도 해결해 지역 발전을 도모하는 것입니다. 이러한 행정 협약은 특정 사안을 중심으로 만들 수도 있으며, A, B, C 도시의 모든 계획에 대해 종합 협약으로 발전시킬 수도 있습니다. 지금 이 글은 상상 속의 이야기가 아닙니다. 독일 통일 이후 베를린주와 베를린을 둘러싸고 있는 브란덴부르크주가 협력하여 만든 '협력적 지역 계획의 모델'이었습니다. 이것을 *BB-Plan* (Berlin-Brandenburg Plan)'이라고 부릅니다.

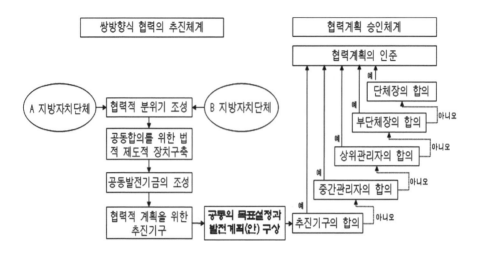

그림 3 베를린-브란덴부르크의 협력 계획 체계 및 협력 계획 승인 과정

출처: 황지욱, 서충원, 광역 정부 간 협력적 지역 계획 방안에 관한 연구, 지역 연구, 제22권 1호, p. 44, 2006. 04.

베를린과 브란덴부르크는 공동 발전 기금도 마련하였고, 법적 기구로 협력적 계획 추진 기구도 만들었습니다. 여기서 이루어지는 계획은 공동 발전을 위한 정책으로 추인되도록 합의 인준 체계도 구축하였습니다. 사실 독일의 통일 직후 베를린과 브란덴부르크를 가 보지 않은 분들은 이것이 얼마나 어려운 일이었는지 상상할 수 없을 것입니다. 당시 베를린은 잘사는 서독 사람들이 즐비한 대도시였습니다. 온갖 좋은 것이 다 갖춰진 대도시였습니다. 반면에 브란덴부르크는 붕괴된 공산주의 사회의 잔재가 잔뜩 남아 있던 지역으로 변변한 도시 하나 존재하지 않았습니다. 독일이 통일되고 나서 오랜 기간 동안 비꼬는 표현이 있었습니다. '투덜이 동독 놈과 잘난 서독 놈 (Jammer

Ossi und Besser Wessi: 암머 오씨 그리고 베써 베씨)'이라는 비아냥 투의 속어입니다. 이런 동독 놈이 득실거리는 브란덴부르크와 서독 놈이 득실거리는 베를린은 어울리기가 어려웠습니다. 두 연방주는 바로 붙어 있었지만 두 지역의 격차는 하늘과 땅 차이였고, 자본주의의 시장 경제적 사고로 똘똘 뭉친 베를린 시민과 사회주의의 사고에 물든 브란덴부르크 주민 사이에서 협력이란 몸에 밴 사고방식의 차이만큼이나 기대하기 어려워 보였습니다. 그런데 두 연방주는 이러한 격차와 이질감을 뚫고 공동 발전 계획을 만들어 내었습니다. 그리고 지금에 와서 이러한 협력적 계획 체계는 독일에서 분산형 집중의 거점도시 육성과 도시 간 연대를 통한 수평적 네트워크 체계를 만드는 근간으로 인정받고 있습니다. 현재 도시 네트워크 체계는 특정 소수의 도시 간에 이루어지던 연대 형태를 넘어 도시와 주변 지역이 함께 연대하는 '미래 지역 Regionen der Zukunft'이라는 지역 계획 모형으로 발전하고 있습니다. 2000년대를 거치며 독일 연방 정부가 도시 네트워크 프로젝트를 연방 콘테스트 방식으로 모집하였는데, 초기에 벌써 25개의 상이한 지역이 응모에 참여하였습니다. 응모의 대표적 주제로는 '도시 및 주변 지역 관계 재정립'이었습니다. 다양한 경험을 교류하는 장으로 만들고자 한 것이었습니다. '미래 지역'의 목표는 지속 가능한 공간 및 정주권 개발을 실현하기 위해 지역의 자치 계획 권한을 강화하는 것이었습니다. 이 목표는 지역 주민의 창의성을 존중하며 상이한 이해 관계의 조정, 적절한 방법론의 모색 등을 보완 방안으로 추가하여 목표의 달성도를 높이고 대상의 폭을 넓히는 것이었습니다. 그리고 현재 이 협력 계획 방식은 독일 내에서만 국한된 체계가 아니라 독일과 연접한 국가인 오스트리아, 폴란드, 덴마크, 네덜란드, 룩셈부르크의 도시와 연계한 도시 네트워크를 형성해 초국경적 협력으로까지 확산되고 있습니다. 이것은 결과적으로 적은 예산으로 충분한 사회 간접 자본을 확충하는 길이며, 낙후와 격차를 걷어 내어 균형 발전을 기반으로 유럽 국가의 국민 모두가 어느 곳에 살든지 제대로 대접받는 사회를 만들어 가는 새로운 발전의 모형으로 자리 잡고 있는 것입니다.

이제 저는 농산어촌에서 살아가는 분을 바라보는 대도시의 시민에게 다음과 같은 가정을 하면서 물어보고 싶습니다. 즉, 지방 중소도시, 그것도 농산어촌에 사는 분들과 그곳을 '나'라고 간주합니다. 그리고 이 글을 읽고 있는 분들을 '당신'이라고 간주합니다. 농산어촌에 살아가는 분들과 그런 지방 중소도시가 여러분께 묻습니다.

"당신에게 나는 무엇입니까?"

이 질문 속에서 다양한 '당신'이 등장할 것 같습니다. "도시로 나와서 살면 되지 왜 농산어촌에서 살면서 푸념만 하냐?"라고 철없이 외치던 '당신'도 있을 것이고, 축소도시를 계획한다면서 지방도시의 쇠퇴를 충격 없이 쇠퇴해 가게 만들겠다던 효율성의 논리에 치우친 '당신'도 있을 겁니다. 이들에게 '나'는 '누구'도 아니고 그저 '무엇'일 것입니다. 반면에 소수일 수 있겠지만 이 글을 읽으며 생명의 근원인 지방과 그 토양 속에서 자라난 대도시가 서로 보완하며, 공존하며, 그래서 균형의 가치를 실현하도록 발전 모델을 찾아보겠다는 '당신'도 존재할 수 있습니다.

이 중에 '당신'은 어떤 '당신'입니까?

이 질문 속의 '당신'을 이렇게 다양하게 부각시키는 이유가 있습니다. 그것은 이 질문이 바로 나 자신의 내면을 돌아보게 만들고 있기 때문입니다. 내가 어떤 자세로 상대방을 바라보아야 하는가, 내가 나를 어떻게 바꿔야 하는가를 생각하게 만드는 질문입니다. 저는 이 질문을 누구보다도 꽤 잘나가는 수많은 공간계획가, 그러니까 외국물 먹으며 외국의 거대 도시에서 박사 학위를 따고, 국책연구원 등에서 근무하며 정책 결정에 가장 가까이 가 있는 박사들 그리고 중앙 부처의 권력형 정책집행가인 공무원들에게 꼭 해 주고 싶습니다. 백만 가지의 계획보다 이런 균형 감각을 찾아 주고 싶습니다. 이 질문을 던져 내면에 파문을 일으켜 보고도 싶습니다. 대도시로, 높은 지위로, 뭔가 번지르르한 곳으로만 달려가지 말고, 먼저 적어도 한두 번쯤은 몇 년씩 현장 속으로, 밑바닥으로, 직급을 던져두고 큰 변화가 없어 보이는 곳으로 가서 일해 보라고 말해 주고 싶습니다. 그런 경험을 가지고 뼈저리게 지방 중소도시의 아픔을 느끼고 나서 지방과 도시의 공존과 균형에 대한 처방을 고민하고 계획을 수립해 보라고 말해 주고 싶습니다. 제가 조금 젊었을 때 외국물을 먹고 연구원에서 일하면서 자기 생각, 자기 고집에 빠져 있곤 하였기 때문입니다.

지방으로 그리고 현장 속으로 들어가 본 이래 느끼는 것이 참 많습니다. 계획 가치관의 전환, 고유한 지역 가치의 발견 그리고 무엇보다 그곳에 살고 계신 분들이 나누고 있는 삶의 가치를 소중한 자산으로 만들어 주려는 정책 의지가 절대 놓치지 말아야 할 공간계획가의 균형 감각이라고 느낍니다. 그리고 이런 경험을 쌓은 공간계획가들의 세 규합이 지역 불균형성 그리고 지방도시의 소멸을 풀어 가는 계획 방식 마련의 단초가 아닌가 생각합니다.

도시만 해도 큰 도시, 작은 도시, 오래된 도시, 새로 만들어진 도시, 바닷가 도시, 산골 도시 등 수많은 모습을 하고 있다. 그런데 아쉬운 것은 세상의 도시들이 하나같아지려고 하는 것이다. 하나같다는 것은 모두가 크고, 높고, 콘크리트로 뒤덮여 있고, 빠르고, 끊임없이 경쟁하며 머리를 불쑥 내밀고 더 큰 경제적 부를 향해 달려가기만 하려는 듯이 보인다는 것이다. 삶의 패턴은 다 비슷하고, 인공적 화려함을 추구하고, 시끄럽고, 그것이 마치 최고의 가치인 양 보여 주려고 안간힘을 쓰는 듯하다. 수많은 정치가와 계획가가 이렇게 화려하게 치장한 도시가 경쟁력이 있다며 드러내 놓고 추구한다. 과연 이것이 모든 도시가 동일하게 지켜 나가야 할 만한 원칙과 가치일까? 목 하나 쭈욱 빼놓는다고 이것이 정말 바람직하냐는 것이다. 오히려 이런 겉치장 속의 뒷면은 누구에게나 크나큰 숙제를 드러내 놓는다. 경쟁에서 뒤진 사람들의 깊은 패배감과 절망감에 빠진 모습을 언론 보도 속에서 노출시키고, SNS에는 아무도 돌보지 않는 노약자 계층이 사회의 뒷면에 숨죽이고 있는 모습을 드러내 놓는다. 돈을 노린 사건 사고가 머리기사를 뒤덮기도 하는데, 대부분 이런 보도는 대도시의 부산물로 나타난다. 그렇기에 좋다고 여겨 왔던 대도시가 내게는 그리 바람직하게 보이지 않는다.

2019년 7월 참여자치전북시민연대의 월간 『회원통신』에 실은 기고문 중에서

3

지방, 지방인구 그리고 지방기업,
우리는 어떻게 보아야 할까?

지방

2020년 여름 COVID-19에 따른 코로나바이러스의 전염이 전 세계를 뒤덮을 무렵 정부는 '의과 대학 정원 확대, 공공 의대 설립'을 새로운 정책으로 내세우며, 지역의 중증(심·뇌·응급) 및 필수 의료 공백 해소를 위해 3,000여 명의 의사 수요가 발생할 것으로 추계하였습니다. 이를 놓고 격론이 벌어졌습니다. 의사협회는 의사협회대로 논리를 내세워 정부와 대립하였고, 시민 사회단체는 무슨 소리냐며 의사들의 집단 이기주의를 비난하였습니다. 시민 사회단체에서 활동해 온 저는 처음에 의사들을 선뜻 이해하기가 쉽지 않았습니다. 하지만 또 다른 분야에서 함께 활동을 해 온 병원장님의 글을 페이스북에서 읽으며 왜곡된 의료 현실에 대한 이해를 넓힐 수 있었습니다. 근본적인 의료 체계의 개선이 없이 무작정 의료인 수만 늘려 놓거나 지역으로 내려보내 공공 의료인으로 살게 한다는 것은 자칫하다가 더 큰 사회 문제를 야기할 수 있음을 느꼈습니다. "지방의 중증 및 필수 의료 공백을 해소하려고 보내 놨던 의료 인력이 인구 소멸로 환자를 확보하지 못한다면, 그들은 어떻게 될 것인가?"라는 문제의식이 뇌리에 강하게 남아 있었기 때문입니다. 일단 정부가 공공 의료 인력으로 임명한 상황에서는 월급을 받으며 생활할 수 있지만, 그 의무 기간을 마치면 과연 그들이 환자도 별로 없는 지방에 계속 정착하겠냐는 것도 있었습니다. '월급을 받는 것보다 병원을 개업하여 더 많은 수익을 창출하고 자유롭고 편안한 삶을 누릴 수 있다고 한다면 누가 공공 의료 인력으로 직장에 매인 삶을 살려고 할까?'라고 생각해 보니 저로서도 장담을 못 하겠던 것입니다. 게다가 '개업을 하더라도 개업을 위해서 들어갈 비용을 생각한다면 상대적으로 환자가 더 많은 대도시에서 개업을 해야 살아남을 확률이 높아지지 않을까?'라는 생각에 다다랐을 때는 결국 급속하게 양산된 의료 인력은 지방에 남지 않고 대도시로 몰려갈 것이며, 이는 다시 기존에 있던 병원과 과도한 경쟁을 할 수밖에 없는 악순환 구조로 빠지게 만들 수밖에 없다는 논리적 사고로 이어졌습니다. 물론 이것을 섣부른 기우라고 할 수 있습니다. 정부와 의료인이 머리를 맞대고 근본적인 문제점을 살펴보면 또 다른 대안과 해결책이 모색될 수 있을 것이기 때문입니다. 다만 제가 이런 생각을 하게 된 이유는 공공 의료의 갈등 발생 원인이 단순히 의료에만 놓여 있지 않고 바로 뒤이어 쓰게 될 지방의 현실과 밀접한 연관을 맺고 있다는 점을 강조하기 위해서였습니다.

지방인구

지방에는 인구가 적습니다. 적어도 너무 적습니다. 인구가 적으면 무엇 하나 제대로 할 수 없습니다. 공공 의료 인력도 수지 타산이 맞아야 그곳에 정착해서 살아갈 수 있습니다. 시장 경제의 원리에 맞춰 이루어지는 사회에서 정부는 국민 누구에게도 어느 곳에 꼭 살거나 그곳에서 일하라고 강제할 수 없습니다. 공공의 복리를 위해서 일정 기간 의무를 지운다 하더라도 의무를 감당하는 것에 대한 보상도 충분히 이루어져야 합니다. 그리고 의무가 해소된 이후에는 개인의 선택에 따라 자유로운 결정이 이루어지도록 해야 합니다. 그리고 그 의무 기간도 무작정 장기간으로 못 박을 수 없습니다. 이것이 민주주의의 가치입니다. 그러니 인구가 없는 지방에 누가 정착하려고 할까요? 즉, 지방에 인구가 늘어나도록 생산인구의 증대, 유동인구의 확대, 정착인구의 유발 요인 확보와 같은 노력이 전제되지 않는 이상 어떤 부수적 정책도 효력을 발휘하기 어렵다는 것입니다. 즉, 모든 일에는 순서가 있고 세밀하고 복합적인 보조적 지원 정책이 수반되어야 합니다. 그래서 우선적으로 고민해 보아야 할 것이 있습니다.

첫째, 생산인구를 증대시키는 방안을 찾아내야 합니다. 많은 분이 인구 피라미드를 알고 있을 겁니다. 인구를 성별로 나눈 뒤, 다시 그것을 다섯 살씩 계층으로 나눠서 출생에 따른 인구의 생존을 기준으로 그 사회의 인구 변화를 예측하는 모형입니다. 이를 기반으로 앞으로 필요한 사회 시설의 규모를 예측하여 충분한 시설을 미리미리 확충해 가려는 것입니다. 어려서 저는 우리나라의 인구 피라미드는 후진국형이니 선진국형 인구 피라미드로 나아가야 한다고 배웠습니다. 선진국형은 유아 사망률을 비롯한 연령별 사망률이 낮으며 생존 기간이 오래 유지되는 사회라는 것이었습니다. 그런데 부유한 선진국은 이를 위해 사회 기반 시설을 구축할 수 있지만 우리나라는 인구가 급격히 늘어나는 것을 감당할 수 없는 상황이니 "아들딸 구별 말고 둘만 낳아 잘 기르자."라는 정부 시책을 통해 항아리 형태의 인구 피라미드 구조로 바꿔 나가야 한다고 배웠습니다. 1970년대 서울에서 초등학교에 다니던 6학년 시절, 가나다 순서의 성으로 한 반의 번호를 매겼는데, 제가 93번 꼴찌였습니다. 그런데 제 뒤로 10명 정도가 새로 전학해 왔습니다. 그리고 그때 한 학년에 스무 반 정도가 있었습니다. 1, 2, 3학년은 오전반, 오후반으로 나눠 수업을 했으니 한 학교에 적어도 1만 2천 명이 훌쩍 넘는 아이들이 있었던 것이지요. 선생님과 직원들까지 합치면 얼마나 많았을까요? 지금으로 보면 초등학교 한 곳에 소멸 위기에 빠진 기초 지자체 한 곳이 들어와 있는 상황인 것입니다. 운동장은 콩나물시루였고, 화장실도 노는 시간이 되면 줄을 서서 기다려야 할 정도였습니다. 이런 상황을 보면 선진국 항아리형 인구 피라미드를 만들어 내는 것이 맞는 말처럼 들립니다. 하지만 오늘에 와서 많은 사람은 선진국의 항아리형 인구 피라미드 구조도 상당히 치명적인 약점을 안고 있음을 알게 됩니다. 인구가 무한정 늘어나는 것도 심각하기 어려운 문제이지만, 인구가 줄어든다면 사회 유지 사체가 불가능해집니다. 20세기 후반 유럽은 인구 감소와 지방 소멸 그리고 초고령 사회로 가는 것을 국가 존립과 직결된 문제로 심각하게 인식했었습니다. 그래서 공간 계획 차원에서 일자리의 지역적 분산과 창출을 통해 균형적 지역 발전을 최고의 가치로 놓고 정책을 펼쳐 왔습니다. 그리고 나아가 세계 어느 나라의 사람이든 실력이 있고, 세계 시민 의식이 있으면 자국에 들어와 살 수 있도록 문호를 개방하여 왔습니다.

우리나라는 어떤가요? 왜 큰 기업이든 작은 기업이든 지방에 본사를 두려고 하지 않을까요? 제대로 생산을 책임질 인력이 없는데 그리고 어떤 제품을 생산해 냈더라도 충분히 소비해 줄 소비자가 없는데 그곳에 본사를 두려 하겠습니까? 이미 이곳에서 생겨났고, 자라난 기업조차도 노동 인력과 전문 인력을 확보하지 못해 그리고 두터운 소비층을 창출하지 못해 떠나야 하는 실정인데 말입니다. 그렇기 때문에 생산인구의 증대 방안을 찾아내야 합니다. 지금까지는 백약이 무효했습니다. 대도시와 경쟁이 되지 않는 구도 속에서 지방정부의 노력은 옆 동네 인구를 뺏어 오는, 따지고 보면 제 살 빼 먹기 경쟁밖에 되지 않았습니다. 생산에는 탄생인구를 늘리는 방법도 있지만 사회적 이동에 따른 유입인구를 늘리는 방법이 있습니다. 특히 국내에서만이 아니라 외국에서 유입할 수 있는 고급의 사회적 인구를 늘리는 방법을 살펴볼 필요가 있습니다. 한때 우리 사회는 우리 동포라며 조선족과 고려인이 우리 사회에 정착하여 저소득의 일자리를 채워 주는 것에 눈을 돌렸습니다. 그러나 문제는 항상 저소득의 일자리에 초점을 맞췄다는 것입니다. 이제는 생각의 폭을 넓힐 필요가 있습니다. 고급의 일자리에도 문을 열어 외국의 고급 인력이 들어와 능력을 발휘하고 우리 사회의 일원으로 함께 살아갈 수 있도록 장치를 마련할 필요가 있습니다. 어쩌면 너무 늦은 것이 아닌가 합니다. 통계에 따르면 벌써 우리나라에는 200만 명이 넘는 외국인이 함께 살고 있습니다. 행안부가 발표한 '2020 지방자치단체 외국인 주민 현황 통계' 발표에 따르면 그들은 전체 인구 대비 5%에 육박합니다. 알고 계셨습니까?

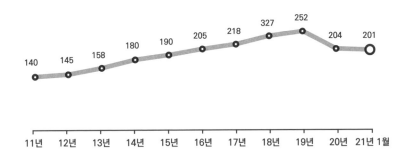

그림 4 국내 체류 외국인 현황. (단위: 만 명)

출처: 법무부 출입국외국인정책본부 제공, https://www.yna.co.kr/view/AKR20210317112
500371, 2022. 07. 29. 인터넷 검색

2022년 제8회 지방선거가 있었습니다. 이때 전라북도 도지사 인수위원회에 인수위원으로 참여할 기회를 얻었습니다. 활동이 마무리 되어 가던 어느 날 인수위원회 워크숍이 열렸습니다. 언론에 배포할 공약의 최종 확정을 놓고 인수위원 간에 난생 노론을 벌이던 벌이있습니다. 한 인수위원께서 전라북도의 인구 문제를 이야기하며 외국인 노동자가 더 필요하다는 말을 꺼냈습니다. 저는 '외국인 노동자'라는 표현에 우리의 사고 지평이 여전히 너무도 편협하고 제한적이라고 느꼈습니다. 그래서 손을 들고 사고의 폭을 훨씬 넓혀야 한다고 역설하였습니다. 단순 업무 이상을 보아야 함을 역설했습니다. 독일에서 유학하던 시절 우리나라에서 파독 간호사와 광부로 나가셨던 분들의 자녀들이 지금 그 사회의 일원으로 의사요, 외교관이요, 교수로, 기업가로 활약하고 있는 것을 이야기했습니다. 미국에 교환 교수로 가 있을 때 우리의 유학생들이 졸업 후에 그 나라의 교수요, 연구원으로, 기업가로 더 나아가 공무원으로 활약하고 있는 것도 이야기했습니다. 이미 1970년대부터 그 나라들은 한결같이 영주권과 시민권을 주어 자국에 정착하게 하고 있었습니다. 이런 경험에 비추어 우리나라에서도 우리나라에 유학하러 와서 학위를 딴 우수한 인력들이 우리 사회에 속속 들어와 활약하도록 해야 한다고 말했습니다. 이야기를 마치자 혁신경제민생회복지원단을 이끄는 TF 단장께서 제게 다가와 깊이 공감한다며 격한 인사를 나누셨습니다. 그분은 지방에서 기업을 운영하며 매출 1조 원 시대를 창출하겠다고 달려가는 '비○텍'이라는 회사의 대표로서 이미 베트남에서 인력을 양성하면서 여차하면 그들을 우리나라 기업에 직접 투입하고 싶은 마음이 가득하셨던 분입니다. 이런 이야기를 나눈 뒤 얼마 지나지 않아 제8대 김관영 전라북도 도지사는 한술 더 뜨는 이야기를 언론에 배포했습니다. 인구 소멸의 위기가 심각한 광역지자체의 장에게 광역지자체 인구의 10%에 달하는 외국인이 유입할 수 있도록 영주권 심사 및 행사권을 달라고 대통령과 중앙정부에 건의했다는 것이었습니다. 정부도 이에 대해 긍정적으로 검토하겠다는 답변을 제시했다고 합니다. 제가 생각했던 것보다 훨씬 앞서 나가는 일이 벌어질 듯합니다. 하나의 매듭이 풀어지는 느낌입니다. 물론 이 과정에서 불거질 수 있는 사회적 갈등도 발생할 수 있기에 대비책 마련에도 최선을 다해야 할 것입니다. 수십 년 전부터 미국과 유럽은 이미 능력을 갖춘 외국 유학생이 자국에 정착할 수 있도록 정책을 펼쳐 왔다는 점을 잊지 말아야 합니다. 그들이 사회 공동체의 일원이 될 수 있도록 함께 살아가는 노력을 경주해 왔다는 것입니다.

둘째, 유동인구를 증대시키는 방안을 찾아야 합니다. 유동인구란 정주인구와 다른 활동인구라고 볼 수 있습니다. 정주인구가 어느 지역에 생활 기반을 갖추고 장기간 살아가는 사람이라면, 유동인구는 특별한 목적을 가지고 어느 지역이나 어느 장소를 방문하면서 그 목적을 이룰 때까지 머무르며 소비와 생산 활동을 하는 사람들이라고 할 수 있습니다. 현대 사회는 정주인구도 중요하지만 이러한 유동인구로 말미암아 이루어지는 산업 생산이 상상 그 이상입니다. 이런 유동인구를 대상으로 하는 사업으로 관광, 여행, 문화 체험 등을 들 수 있습니다. 이 외에도 생각해 보면 유동인구를 확보할 수 있는 분야가 셀 수 없이 많습니다. 스포츠 행사 하나만 놓고 보더라도 하루 만에 모든 경기를 끝내고 돌아가지 않습니다. 이런 유동인구를 붙잡는 길은 얼마나 쾌적한 시설을 마련해 두느냐에 달려 있습니다. 또 얼마나 복합적인 유휴 시설을 마련하였느냐에 머무는 날의 수가 늘어납니다. 전주의 한옥 마을에 연간 천만 명의 관광객이 다녀갔다는 것은 단순히 잠깐 머물다 갔다는 것을 뜻하지 않습니다. 그리고 딱 한 번만 왔다는 것도 아닙니다. 이들이 며칠이고 머물게 만드는 매력적인 프로그램이 있었고, 반복해서 찾아올 수 있게 만든 요소가 복합적으로 마련되었기에 가능했다고 봅니다. 미국 플로리다주의 올랜도에는 복합 리조트 디즈니월드가 있습니다. 누구나 가 보고 싶은 꿈의 놀이터라고 할 수 있습니다. 이곳은 오래 머물면 머물수록 관광객의 입장료와 숙박료가 떨어집니다. 하루 이틀은 투숙 비용이 상당히 비쌉니다. 하지만 일주일을 넘기는 시점부터는 거의 무료에 가까운 최소 비용으로 투숙할 수 있습니다. 이것은 무엇을 뜻할까요? 프로그램의 효과를 활용해 유동인구가 늘어나도록 하면 할수록, 그리고 오래 머무르도록 하면 할수록 이와 연관된 산업 종사자의 수는 그만큼 늘어날 수 있다는 것입니다. 그들이 지출하는 돈이 단순히 유동인구의 숫자에만 달려 있지 않기 때문입니다. 유동인구의 수만이 아니라 동일한 유동인구라도 머무는 날의 수에 따라 지출액이 늘어나며, 그에 비례하여 산업 종사자의 수도 늘어날 수 있는 것입니다. 그것은 결국 정주인구의 증가로 이어지는 것입니다.

지방기업

　많은 사람이 지방에는 좋은 기업이 없다고 말합니다. 대기업 하나
제대로 없다고도 말합니다. 전북대학교 교수로서 취업지원부처장을
맡아 취업률 향상을 위한 프로그램을 운영하여 보았습니다. '큰사람
프로젝트'라는 대학 입학부터 졸업까지 학생들의 진로를 책임져 주
는 프로그램을 세밀하게 개편하여 운영하였습니다. 전북대가 자랑하
는 하나의 트랙이 전공 능력을 키워 나가는 교과 트랙이라고 한다면,
다른 또 하나의 트랙은 직접 장래의 진로를 탐색해 나갈 수 있는 비교
과 트랙이라고 할 수 있습니다. 장학금도 성취도에 맞춰 더욱 많이 주
고, 전공에 맞춰 취업과 고등 진학(대학원 입학 등)이라는 목적을 달성할
수 있도록 지원하는 프로그램이었습니다. 방학 때마다 '기업의 달인
되기' 프로그램을 통해 학생들에게 다양하고 좋은 기업을 전공에 맞
춰 소개하고 스스로 찾아가 체험해 보도록 하였습니다. 그런데 어느
날 취업 준비생이 찾아왔습니다. 부모님께서 공무원이나 준비하라고
했다는 것이었습니다. 맥이 탁 풀려 버렸습니다. "전공은 어쩌고? 지
금까지 해 왔던 것은 어쩌고?"라고 물었더니, 지방에는 대기업같이
안정된 직장이 없어 차라리 공무원을 준비하는 것이 낫겠다는 부모님
말씀을 따르겠다는 것이었습니다. 얼마나 어이가 없던지 상심이 컸습
니다. 그동안 지방에 얼마나 좋은 기업이 많은지 그렇게 알려 줬는데,
그 학생은 무엇을 들었고, 무엇을 보았고, 무엇을 겪었단 말인가 하는
생각이 들었습니다. 직접 그 기업을 탐방하기도 하고, 인턴으로 일해

보기도 했고, 회사원으로서 성취도에 따라 얼마나 매력적인 보상이 뒤따라오는지 알게도 되었는데, 결국 부모님의 공무원 권유 한마디로 몇 해 동안 쌓아 온 모든 노력을 날려 버리다니…. 이런 생각이 지방에 사는 분들의 현실이라는 것에 마음이 몹시 아팠습니다. 그래서 지방에 있는 정말 좋은 강소기업을 많이 알려야겠다는 소명 의식이 더욱 강해졌습니다. 저는 지방에 있는 기업을 중소기업이라고 부르고 싶지 않습니다. 강소기업이라고 부르고 싶습니다. 지방에서 살아남아 매출액 1000억 원 이상 그리고 1조 원 이상을 올리는 기업이라면 그것은 진짜 강소기업입니다. 그래서 진짜 강소기업이 많다는 것을 알리고 싶습니다. 무엇보다 강소기업에 다니는 것이 자랑이요, 자부심이 되도록 하고 싶습니다. 그런 여건을 중앙정부와 광역지자체가 제도적 장치를 갖추어 지원해 주어야 합니다.

2019년 8월 뉴질랜드를 방문할 기회가 있었습니다. 청정 국가라는 뉴질랜드의 인구는 500만 명으로 우리나라의 1/10 수준이었습니다. 이런 나라에 대학은 국립대 여덟 곳이 전부였습니다. 그러나 19년 전에 폴리텍 대학에서 국립대로 전환한 Auckland Univ. of Technology의 QS ranking[9]만 보더라도 우리나라 대학들의 랭킹보다 꽤 높았습니다. 우리나라의 유명한 대학들이 100위권 안에만

9) 영국의 대학 평가 기관인 Quacquarelli Symonds의 약자로 1994년 이래 매년 시행하는 전 세계 대학들에 대한 평가, 출처: SHMS 세계 대학 랭킹 QS 7위 호스피탈리티 레이저 부문 선정, 작성자 SEG 스위스 교육 그룹

들어도 자랑을 늘어놓느라 정신이 없는데, 뉴질랜드의 오클랜드 기술 대학교는 QS 순위가 80위에 달하고 있었습니다. 그런데 이런 대학을 졸업한 학생들이 취업하는 기업은 우리 눈으로 보면 아주 조그마한 가족기업(1~20인)이 대부분이었습니다. 이 엘리트들이 대기업도 없는 나라에서 중소기업에 다니며 아주 잘 살고 있다는 사실에 놀랐습니다. 여기에 와서 저는 제 생각의 편협함 가운데 하나를 들여다볼 수 있었습니다. 그것은 여전히 제 마음속에 자리 잡고 있던 '*대기업 Oriented 사고방식*'이었습니다. 왜 나는 그리고 우리는 대기업, 공무원에 목매었을까? '이 나라는 대기업도 없어?' 내가 이리 편협한 생각에 매인 이유는 대기업에 가면 평생 '안정'이 보장된다고 생각했기 때문일 것입니다. 다시 말해 공무원, 대기업은 월급도 월급이지만, 부가적으로 받는 복지 혜택이 평생 보장처럼 느껴진다는 것이었습니다. 이것이 대학생들에게 입사 가능률 5%도 안 되는 대기업과 공무원 세계, 바로 그곳에 "꼭 가야 해."라는 다짐을 하게 만드는 원인이었다고 생각되었습니다. 만약 국가의 전체 국민을 향한 안전핀으로 보편 복지나 제도적 장치가 강화된다면, 마치 뉴질랜드처럼 그리고 내가 알고 있는 북서구 유럽의 국가들처럼, 국가가 책임지고 젊은 도전자들을 위한 안전핀과 복지 장치를 마련해 준다면 꼭 대기업에만 목맬 필요가 없을 것이었습니다. 그리고 우리나라를 생각하며 대기업이 이렇게 Start-up이든 창업을 통해 도전해 보았고, 실패해 보았던 젊은이들의 경력을 우대해 채용에 우선권을 부여한다면 어떨까, 이런 제도적 장치를 공무원이나 공공기업의 채용에 적용하면 어떨까 하는 생각이 들었습니다. 1~2인 기업의 활발한 모습이 어떻게 가능할까를 생각하면서 이야기를 나눠 보았는데 "어떤 기업에 가든 그런 복지, 안정 등등을 걱정할 필요가 뭐가 있냐?"라는 것이었습니다. "세금만 잘 내면 국가가 다 책임지는데 말이다."라는 대답이 정말 부러웠습니다. 게다가 Start-up도 활성화되어 있었습니다. 우리는 대학생이 Start-up을 하면 3년 안에 다 말아먹는다고 합니다. 그래서 창업을 가르치는 교수도 절대 창업하지 말라고 한답니다. 왜? 망하면 인생 자체가 취업도 하지 못하고 아예 망가지기 때문이랍니다. 그래서 평생이 보장될 것 같은 취업에 그것도 대기업과 공무원에 우리의 젊은이들은 목을 매야 하는 것입니다. 바로 이런 현실이 바뀌어야 합니다. 일인 기업을 하다 망하고 망해도, 어떤 일을 하더라도 인간다운 삶을 살 수 있다는 그런 확신이 있는 사회로 만들어야 합니다. 국민 소득이 3만 불을 넘는 나라라면서, 세계 10대 경제 대국이라면서, 왜 우리는 우리의 젊은이들이 여전히 불안한 생각에 매인 채로 살아가도록 방치해야 할까요? 이런 현실, 이런 가치관과 싸우고 새로운 대안의 계획 체계를 만들어 내는 사람이 공간계획가라고 생각합니다. 영향력을 끼칠 수 있는 자리에서 계획을 통해, 그리고 정책을 통해 세상이 변하도록 새로운 가치를 끊임없이 표출해 내야 한다고 봅니다. 우리나라보다 인구도 적고, 소득 수준도 우리와 별로 차이가 나지 않는 나라에서도 다들 하고 있는데 우리나라만 못 한다면 그것은 분명 우리 사회에 고쳐야 할 것이 아직 무수히 많이 남아 있다는 소리와 같을 테니까요. 광역시·도마다 창업 공사를 하나씩 만들어, 창업인들을 적어도 10년씩 지원하면 좋겠습니다. 오클랜드 기술 대학에는 중앙 도서관을 없애 버렸더군요. 책은 어디서든 읽을 수 있다고 하더라고요. 오히려 중앙 도서관을 Start-Up 창업 센터로 완전히 바꿔 시끌벅적한 창업 활동 공간으로 만들어 버렸더라고요. 여기서 세계 청년들과 인터넷으로 창업을 교류한답니다. '이것도 어쩌면 우리가 나아가야 할 미래 도서관의 모습이겠구나!'라는 생각을 하고 있습니다.

소상공인, 임차인이 죽어 간다.
젠트리피케이션에 대한 대책은?

공간계획가가 살펴보아야 할 분들로 자영업에 종사하는 영세 소상
공인을 놓칠 수 없습니다. 국가에서 공공의 일자리 창출에 어려움을
겪는 사회 구조를 띠고 있을수록 소상공인의 비율이 상당히 높아 보
입니다. 그래서 경제 규모가 작은 나라일수록 소상공업 종사자의 비
율이 높은 것을 발견합니다. 2021년 7월 27일에 김토일 기자가 보도
한 연합뉴스의 기사에 실린 주요국 자영업자 비중을 보면 우리나라는
OECD 국가 38개국 중 6위의 높은 순위에 올라 있으며, 전체 취업자
대비 24.6%에 해당하였습니다. 그런데 이것이 문제인 이유는 소상공
인들의 경우 경제 상황이 나빠지면 가장 먼저 타격을 받는 계층에 해
당한다고 보았기 때문입니다. 또 소상공인들은 대부분 임대인-임차
인의 주종 관계 속에서 사업이 잘되든 못되든 고정된 임대료를 지불
해야 하는데, 이를 감당하지 못해 사업을 포기해야 하는 경우가 빈발
하게 됩니다. KBS에서는 2018년 소규모 창업과 폐업을 놓고 조사한
자료를 방송한 적이 있습니다. 그 방송을 보면 "지난해 115만 9802
곳이 새로 문을 열었고, 83만 7714곳이 문을 닫았다. 신규 대비 폐업

률은 72.2%에 달한다. 가게 10곳이 문을 여는 동안, 7곳이 닫았다."
라고 말하고 있습니다.[10] 하지만 이 말은 신규 창업 대비 신규 폐업
률이 아니라 기존에 창업되어 있는 모든 자영업을 기준으로 폐업률을
따진 것입니다.

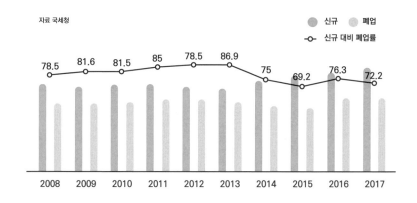

그림 5 신규 대비 폐업 비율(단위: 건, %)

자료: 국세청
출처: https://news.kbs.co.kr/news/view.do?ncd=4029966, 2022. 07. 19. 인터넷 검색

이보다는 2020년 헤드라인 뉴스에 실린 김윤태 기자의 보도 기사[11]
를 눈여겨볼 필요가 있습니다. 이 기사에서 그는 자영업 종사자들이
5년 차에 이를 때 생존할 가망성을 제시하였습니다. 3년 차의 시점

10) '폐업률 90%, 자영업 위기? 문제는 생존율', 2018. 08. 27. 기사 입력, KBS NEWS,
　　　https://news.kbs.co.kr/news/view.do?ncd=4029966&ref=A, 석혜원 기자, 2022.
　　　07. 31. 인터넷 검색

11) '서울시, 정책자금 지원 소상공인 5년 생존율 55.7%, 전국 평균의 2배', 2020. 01. 20. 기
　　　사 입력, https://www.iheadlinenews.co.kr/news/articleView.html?idxno=44206,

에 이미 50%를 넘는 신규 자영업이 사라지고, 5년 차가 되었을 때는 20~30% 내외만이 생존하고 있다는 발표였습니다. 이런 원인을 해결하기 위해서 서울시는 중소기업육성자금을 통해 생존율을 높여 놓았습니다. 즉, 재원의 투입을 통해 상당한 효과를 거둔 것입니다. 그렇다면 이것 외에는 다른 해결책이 없을까요? 공간계획가가 초기의 계획에서부터 참여하여 기여할 수 있는 방안은 없을까요?

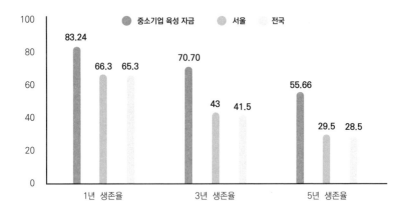

그림 6 서울시 중소기업육성자금 수혜업체, 서울·전국 소상공인 연차별 생존률(단위: %)

주: 중소기업육성자금의 생존률은 2018년 기준, 서울시 및 전국 기업 생존률은 2017년 기준
자료: 통계청, 김윤태 기자 계산
출처: https://www.iheadlinenews.co.kr/news/articleView.html?idxno=44206, 2022. 07. 19. 인터넷 검색

공간계획가는 사회에서 발생하는 문제를 놓고 후속적으로 대응하는 차원에서 접근하기보다 문제의 발생 원인을 제거하는 방향으로 제도적 장치를 만들어 갈 수 있습니다. 그것 중의 하나가 부정적 현상의

젠트리피케이션을 대비한 제도적 장치를 마련하는 것입니다.

'젠트리피케이션^{Gentrification}', 최근에 자주 인구에 회자하는 용어입니다. 우리말로는 명확히 나타나 있지 않은데, 많은 지자체에서는 젠트리피케이션을 '둥지 내몰림'이라고 사용하였습니다. 물론 상당히 일리 있는 사용 형태라고 볼 수 있습니다만 이것은 가장 최고조의 부정적인 순간을 지칭한 것이고, 젠트리피케이션은 특정 사회적 현상의 발생-전개-천이라는 전체적인 과정 속에서 살펴보아야 정확한 맥을 짚어 더 나은 정의를 내릴 수 있습니다. 학술적으로 젠트리피케이션은 이미 서기 3세기경 고대 로마 시대에서부터 생겨난 용어로, 16세기경 토지를 소유한 새로운 계층인 신사 계급^{Gentry}이 등장하던 것과 맞물려 있습니다. 이 단어는 1964년 영국의 사회학자 룻 글래스$^{Ruth Glass}$가 "저소득 노동자 계층의 주거지에 중산층이 유입하면서 주거 대체가 발생하는 현상"을 설명하는 용어로 쓰면서 널리 알려지기 시작했습니다. 즉, 저소득 계층이 모여 살던 곳은 대부분 낙후 지역의 노후 불량 주택이 밀집한 지역에 해당합니다. 그렇지 않으면 저소득 계층이 값비싼 임대료를 내고 정착할 수 없기 때문입니다. 이런 곳은 사회적 관심도 낮습니다. 때로 이런 곳은 가난한 사람이 살아가는 곳일 뿐만 아니라 사건 사고가 자주 발생하는 우범 지역으로까지 간주되곤 합니다. 그러니 아무도 일부러 그곳에 들어가서 살 생각을 하지 않고, 중앙정부든 지방정부든 특별한 투자를 하려고 하지 않습니다. 슬럼화된 곳을 현상 유지하는 것조차도 힘겨운 일처럼 보입니다.

그런데 이런 곳에 작은 변화가 일어나기 시작합니다. 누군가의 투자가 이루어지는 것입니다. 그 누군가를 룻 글래스는 '중산층', 즉 경제적으로 투자 여력이 있고 이곳에서 경제 활동을 통해 수익을 창출할 수 있는 계층으로 보았습니다. 마치 우리나라 사람이 미국으로 이민을 가서 다른 유색 인종의 동네에서 작은 가게를 하나 열어 사업을 시작했던 것과 비슷하다고 할까요? 이 가게가 자리를 잡아 가면서 동네에 또 다른 사람이 들어와 하나둘씩 사업체를 열기 시작합니다. 이러면서 한산했던 동네가 하나씩 변하기 시작합니다. 일부 원주민이 떠나고 새로운 주민이 정착하기 시작합니다. 이것을 저는 젠트리피케이션의 긍정적 신호라고 말합니다. 살 만하지 못했던 곳이 살 만한 곳으로 변해 가는 과정이지요. 이런 긍정적 변화 속에서 새롭게 또 다른 제2의 투자, 제3의 투자가 이어질 때 중앙정부나 지방정부는 더욱 사업이 안정적으로 진행될 수 있도록 관심을 갖고 예산을 투여하기 시작합니다. 노후 불량 건축물을 걷어 내고, 거리도 정비합니다. 방문객이 늘어나면서 공영 주차장도 만들고, 공원도 만들어 제공합니다. 지역의 변화를 이끌어 긍정적 효과를 극대화시키고자 하는 것이지요. 많은 사람에게 호감이 가는 공간으로 변화되는 순간, 즉 점점 더 많은 방문객이 찾아오고 관심을 보이며, 소비 활동을 하는 순간, 문제가 발생합니다. 이 과정 속에서 상업화가 급속도로 진행되며, 원주민은 새로운 토지주와 건물주에게 소유를 넘기고 대부분 떠나갑니다. 새로운 부동산 소유주는 이익 창출을 극대화하기 위하여 상업용 시설을 늘립니다. 주거 기능은 약해지고 상업 기능이 강화되면서 거주민의 수도 줄어듭니다. 반면 임대료는 상업 활동이 이어지면서 계속해서 상승합니다. 이런 곳에는 입점하려는 업체의 경쟁도 심해지고, 임대료도 점점 비싸집니다. 이렇게 비싸진 임대료를 견디기 어려워 경쟁력이 떨어지는 소자본 영세상인은 자본력이 뛰어난 대기업형 프랜차이즈와 같은 것에 떠밀려 나게 됩니다. 소자본 영세상인이 사업체의 문을 연 지 얼마 되지 않았더라도 건물주는 더 많은 임대료를 내는 임차인을 위해 기존의 계약을 파기하기도 하고, 그렇지 않으면 더 많은 임대료를 요구하기도 합니다. 임차인 사업자는 사업장을 위해 많은 투자를 했음에도 그냥 날려 버릴 판이라 때로는 울며 겨자 먹기로 임대료를 올려 주어야 하는 상황에도 빠집니다. 그리고 마침내 손익 구조를 따지기 어려울 만큼 급격한 지가 상승과 임대료 상승으로 견딜 수 없는 상황에 처합니다. 특정 대기업형 프랜차이즈는 독점적 지위를 유지하면서 사업체를 확장할 동안 생존자로 남을 수 있는 사업자란 임대료를 낼 필요가 없는 토지와 건물의 소유주만 해당합니다. 이것이 젠트리피케이션의 심각한 부정적 신호입니다.

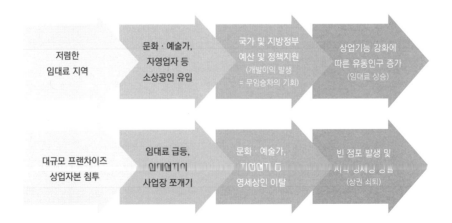

이런 둥지 내몰림 현상을 해소하기 위해 여러 곳의 지방자치단체에서 임대인-임차인의 '민민 상생 협약'을 만들어 갈등을 조정하고 미연에 방지하는 성과를 거두기도 하였습니다. 하나의 사례로 서울시의 성동구를 꼽을 수 있으며[12], 전주시의 전주역 인근에 있는 첫 마중길 지구도 민관 협력 *PPP-Public Private Partnership*의 모범사례로 거론되곤 합니다. 임대료를 과도히 올리지 않는 착한 임대인에게는 해당 지방자치단체에서 다양한 방식의 지원을 아끼지 않는 내용이 포함된 협약을 마련해 두었습니다.

하지만 부정적 현상의 젠트리피케이션이 꼭 임차인-임대인의 관계 속에서만 바라볼 사항일까요? 긍정적 젠트리피케이션을 유지하기 위해서는 적어도 다음과 같은 사항이 지켜질 수 있도록 공공에서 기여할 필요가 있습니다.

첫째는 기본적으로 기존의 지역 공동체가 지속될 수 있도록 정주성 유지 방안을 지원하는 것입니다.
둘째는 다양한 시설의 공존이 보장되도록 제도적 장치를 마련하는 것입니다.
셋째는 정체성이 보존될 수 있도록 마을의 고유 가치를 지킬 수 있는 방안을 마련하는 것입니다.

---

12) 서울특별시 성동구에서 제정한 젠트리피케이션 예방을 위한 조례를 부록에 실어 소개합니다.

먼저, 첫째로 정주성 유지 방안이란 주민들과 협의하며, 해당 지역의 노후 시설이나 안전 저해 시설을 지속적으로 개선하는 체계를 갖추는 것입니다. 이를 위해 주민 협의체를 구성하여, 상시적으로 주민의 고충을 청취할 수 있도록 하고, 지역 공동체의 안전과 쾌적한 삶을 위하여 필요한 시설을 확충해 나가는 것입니다. 단순히 시설 개선만이 아니라 때로는 주민 주도로 자체 사업이 진행될 수 있는 마을 협동조합과 같은 것이 결성되도록 돕는 것은 결속력을 강화시킬 수 있습니다. 실제로 주민 협의체를 구성해 보면 출발 초기에는 관심도 낮고 참여 인원도 적습니다. 하지만 하나씩 하나씩 꾸준하게 사업을 진행하다 보면 관심이 높아지고 참여 인원도 늘어납니다. 이것이 문재인 정부가 추진한 도시재생 사업에서 나타났던 작은 결실이었습니다.

둘째로, 이러한 주민 협의체는 자치 법률적 효력을 갖춘 정관에 따라 움직일 때 어느 특정 개인의 사욕을 예방할 수 있습니다. 주민 협의체를 운영할 때 가장 큰 고민이 특정 주민의 고집과 욕심이었습니다. 처음부터 겉으로 드러내지는 않지만 가면 갈수록 온갖 그럴싸한 이유를 붙여서 몽니를 부리거나 자기주장을 내세우며 방해를 하면 힘없고 어디에 휩쓸리기 싫은 주민들은 아무 말 없이 슬금슬금 빠져나가기 시작합니다. 지금까지 잘 진행되어 오던 협의체가 위태위태해집니다. 그렇기 때문에 지방자치단체도 공익성을 강조한 제도적 장치로 지원 조례를 제정하여야 합니다. 그리고 꾸준히 관찰하며 지원하여야 합니다. 이렇게 주민 협의체와 지방자치단체의 협력이 잘 이루어지는 곳에서 더 많은 마을 주민이 더 나은 삶을 살아갈 수 있습니다. 또 주변에서 광풍처럼 불어오는 무차별적 개발의 소문에도 쉽게 휩쓸리지 않습니다.

　마지막으로 사실 주민의 힘으로 할 수 없는 일이 많기 때문에 지방 자치단체의 도움이 필요합니다. 지역의 정체성을 찾아가거나 더욱 강화시킬 수 있는 사업이나 지역의 변화를 주도할 수 있는 사업 등은 주민 혼자의 생각으로 찾아낼 수 없는 경우가 많습니다. 또 재원도 주민 스스로 마련하기 불가능한 대형 사업이 많습니다. 이런 것들은 공공이 주도적으로 정책을 제시하고 새로운 추세를 알려 주어야만 주민이 반응할 수 있습니다. 또 다양한 공공기관과의 협력을 통한 지역 정체성을 강화할 수 있는 사업이 진행되곤 하는데, 이런 것 또한 대부분 지방자치단체를 거쳐 지역에 알려지게 됩니다. 따라서 민관 협의 기구가 잘 구성되어 정기적이든 부정기적이든 필요에 따라 수시로 만나 회의를 진행하고 의견을 수렴할 수 있는 유기적 관계가 마련된다면 지역 주민의 자기 마을에 대한 애착심과 정체성 그리고 정주 만족도는 더욱 깊어질 수 있습니다.

　이런 모든 것을 저는 '작은 만족감'이라고 부르고 싶습니다. 거의 일어나지 않는 '커다란 만족감'에 마음을 뺏기고 눈길을 주게 되는 이유는 이런 '작은 만족감'을 만날 수 없기 때문입니다. '커다란 만족감'은 특정한 소수에게 국한되어 정말 가끔 일어나는 일이지만 '작은 만족감'은 수많은 다수에게 일상 속에서 언제나 일어날 수 있는 일입니다. 이런 '작은 만족감'이 가득한 마을의 결속력은 감염균에 대한 강한 저항력을 발휘하는 힘과 같습니다. 이런 것을 잘 보여 준 곳이 과거 대구시 중구의 삼덕동 마을이었습니다. 『그들이 허문 것은 담장 뿐이었을까?』라는 책에 보면 삼덕동 주민들이 개발의 광풍과 열풍을 얼마나 깊은 우애와 결속력 그리고 애착심으로 이겨 냈는지 잘 기록되어 있습니다. 저는 이 책을 도시 재생의 바이블이라고 부를 정도로 아끼고 있습니다.

지금까지 나눈 이야기를 넘어 부정적인 젠트리피케이션을 예방하기 위한 근본적 대책을 만드는 것을 잊어서는 안 됩니다. 가장 시급하게 떠오르는 것은 제도적 장치를 마련하는 것입니다. 「국토의 계획 및 이용에 관한 법률」에 도시 기본 계획을 수립하거나 지구 단위 계획을 수립하는 조항이 있습니다. 그리고 「도시 및 주거환경 정비법」에도 도심 재정비를 다루는 조항이 있습니다. 이런 내용 중에 부정적 젠트리피케이션을 예방할 수 있도록 특정 공간을 청년 창업이나 소상공인의 안정적 자영업 지원 공간으로 지정하는 방안을 삽입할 수 있습니다. 예를 들어 상업 시설이나 근생 시설의 용도로 지정된 곳 일부를 공생을 위한 부정적 젠트리피케이션 예방 용도로 지정할 수도 있고, 그런 용도 지역 내에 있는 공영 주차장 용지를 청년몰이나 소상공인 몰과 복합적으로 사용할 수 있는 용지와 앵커 시설로 개발할 수도 있습니다. 요즘 많이 활용되는 개발 방식으로 위층은 공원이고 반지하 형태의 아래층은 썬큰 가든$^{Sunken\ Garden}$과 주차장으로 이용하는 공간도 많이 등장하고 있습니다. 이런 공간은 기본 계획을 수립할 당시부터 공공이 일부 개발 면적을 기부 채납으로 받아서 관리하면서 지방자치단체가 직접 예산을 투입하여 매입한 뒤 조성할 수 있습니다. 그리고 이런 개발 공간은 가능한 한 상업 용지나 근린 생활 용지에 만들어지거나 근접하여 있도록 조성해야 합니다. 그래야 잠재적 소비자를 근거리에서 쉽게 확보할 수 있습니다. 사람들이 찾지도 않는 아주 외진 곳이나 눈에 띄지도 않는 후미진 공간에 있으면 이것은 사업을 하지 말라는 것과 다를 바가 없기 때문입니다. 이런 성장 잠재성이 큰 공간에서 소자본 창업인들은 지방자치단체와의 계약과 협약에 따라 몇 년간 저렴한 임대료를 내면서 사업체를 꾸릴 수 있습니다. 그리고 그 기간이 지나면 또 새롭게 들어올 새로운 창업인들에게 기회를 넘겨주는 것입니다. 이렇게 할 때 감당할 수 없는 임대료에 의한 강제적 '둥지 내몰림'을 피할 수 있고, 이렇게 할 때 다양한 젊은 창업인들이 함께 정보를 교환하며 더 새로운 기술과 사업 노하우로 안정적인 창업 생태계를 만들어 갈 수 있습니다. 이런 제도적 장치가 법률에 마련되면 그다음은 지방자치단체의 조례에 지방의 특성에 맞춰 더욱 구체적이고 상세한 내용을 삽입할 수 있지 않을까요? 물론 법률에 없더라도 지방자치단체에서 조례를 따로 제정할 수도 있지만 상위법이 먼저 갖추어져 있다면 전국의 지방자치단체는 모두 따르게 되지 않을까요?

$$5$$

안전 사회를 향한 가장 기본적인 규칙,
교통 법규는 왜 지켜지지 않을까?

  시골과 대비되는 개념인 '도시'에서 우리 눈에 가장 많이 띄는 것
이 무엇일까요? 저는 고층 건물과 교통이 아닌가 합니다. 그중에서도
교통은 우리가 가장 빈번하게 접하는 기분 잡치는(?) 도시 현상이라
고 볼 수 있습니다. 고정되어 있는 건물이나 시설은 그곳을 방문할 때
만 무언가를 느끼게 하는데, 교통은 날마다 그리고 거의 매시간 우리
의 마음 한편에 기분 더럽게(?) 자리 잡고 있습니다. 많은 운전자는 불
법 주차가 난무하는 이면 도로에 들어서거나 주차하기 어렵게 다닥다
닥 주차면을 붙여 놓은 상황에 맞닥뜨리면 "도대체 어떤 놈이 이따위
로 도시계획을 한 거야?"라고 하면서 도시계획가를 들먹거립니다. 교
통계획가는 "도시계획을 하는 녀석들은 하여간 이따위로 도시를 계획
해 놓으니 교통 문제가 발생하지."라고 하면서 또 도시계획가를 들먹
거립니다. 저는 제가 계획하지 않은 것을 놓고도 "네가 이래서 이렇게
된 거야."라는 말을 듣곤 하였습니다. "아니 거의 모든 개발이 이미 중
앙정부나 지방자치단체에 의해서 이루어졌고, 토지주택공사라는 LH
를 통해서 이루어졌는데 왜 나를 가지고 그래?"라고 하면 "너도 한통

속이야."라고 쏘아붙였습니다. 하고 싶은 말은 많았지만 그것이 진담이든 농담이든 그리고 누구의 책임이든 상관없이 교통 문제는 가장 눈에 띄는 도시 문제였습니다. 이것뿐만이 아닙니다. 회전 교차로에서 진입 차량이 멈추지 않고 무작정 달려드는 모습, 회전하던 차량이 진출을 하지 못하고 그냥 서 있는 광경, 자전거 도로라고 만들어 놓았지만 차량이 버젓이 불법 주차되어 있는 광경, 오토바이를 탄 배달업 종사자들이 신호를 무시하고 질주하는 광경, 버스 운전자들이 승강장에 정확히 정차하여 승객을 승하차시키지 않고 차선을 두 개쯤 물고서는 길을 막아선 채로 승객을 승하차시키는 광경, 이런 모든 무질서의 교통 문제를 보며 그 원인은 어디에 있을까 고민스러웠습니다. 운전을 하다 보면 앞서 불법을 자행하는 운전자들, 무단 횡단을 하며 보행 질서를 지키지 않는 보행자들, 오토바이를 몰면서 신호도 지키지 않고 틈새를 달려가는 운전자들, 특히 대형 트럭 운전자들의 과속과 과적의 운전 행태를 보며 욕이 튀어나올 때가 많습니다. 그러나 이들만이 비난받아야 할 대상일까요? 이들에게 벌금을 매기고 벌점을 주는 단속만 강화하면 문제가 해결될까요? 저는 이들이 불법을 자행할수 있도록 대충 설계하고 그렇게 대충 만들어 놓고 대충 운영하고 있는 교통계획가와 정책집행가에게도 적지 않은 책임이 있다고 말하고 싶습니다. 어느 기업이 제품을 만들어 팔 때 작은 오류 하나도 없이 만들어 팔아야 합니다. 만약 오류가 발견될 때는 즉시 리콜을 통해 다시는 동일한 문제가 발생하지 않도록 완벽하게 수리하며 보상을 하게 됩니다. 그런데 불법이 자행되도록 설계된 시설에 대해서 리콜이 이루어졌다는 보도를 접한 것을 거의 보지 못했습니다. 오히려 매번 법규를 지키지 않은 특정인만 범죄자로 낙인찍혔을 뿐입니다.

　제가 쓴 『도시계획가란? 정체성과 자화상 사이에서』라는 책에서 '계획가의 방임'은 상당히 비중 있는 문제로 다뤄지고 있습니다. 계획가가 근본적으로 정말 섬세하게 계획을 했더라면, 그리고 그에 맞춰 정교한 설계를 했더라면, 그리고 그런 상황에서 정책을 정확히 집행했더라면, 그리고 무엇보다 이용자가 이를 철저히 지킬 수 있도록 끊임없이 모니터링하고 재교육하고 제도적 장치와 설계 원칙을 수정해서 관리해 나갔더라면, 과연 최종 수요자인 운전자들이 이런 불법을 자행하려는 생각을 가질 수 있었을까 생각해 보았습니다. 실제로 독일에서 공간계획 *Raumplanung*을 공부하면서, 학교에서 배운 계획과 설계 원칙을 실제로 도시계획청 *Stadtplanungsamt*에서 실습을 하며 적용해 보면서 이들이 얼마나 철저하게 계획하고 있는지 그리고 그런 계획을 시민들이 철저히 따를 수 있도록 얼마나 종합적이고 세밀한 관점에서 접근하고 있는지를 깊이 느낄 수 있었습니다. 그들과 우리의 차이는 '철저함'의 차이였습니다. 계획가도 철저하게 계획했고, 이용자도 철저하게 지켜야 했습니다. 대충이란 것이 없었습니다. 단적으로 회전 교차로에서 진입 차량이 속도를 줄이고 일단 정지를 하지 않는다면, 단속도 중요하지만 진입 차량이 일단 정지를 할 수밖에 없는 상황을 만들어 냈습니다. 지속적으로 모니터링을 하면서 도로에 간격을 두고 다양한 형태의 감속 장치를 설치하기도 하고, 그래도 지키지 않으면 추가로 감속 경고 사인을 표시하고 최종적으로는 회전 교차로의 바로 앞에서는 일단 정지가 이루어질 정도의 장치를 설치했습니다. 이들에게 가장 중요하고 우선적인 원칙은 '교통안전'과 '보행안전'이었습니다. 대중교통 수단인 버스도 지정된 승하차 공간에 정확히 차량을 세우고 바로 그곳에서만 승객의 승하차를 진행하였습니다. 만약 이를 어기다가 적발될 때는 운전자와 버스 회사에 동일하게 제제가 이루어집니다. 공공 교통수단의 생명은 '정시성과 승객의 안전'에 놓여 있기 때문입니다. 그래서 어디서도 그리고 어느 때도 대중교통 수단인 버스가 우리나라처럼 과속하는 경우를 본 적이 없습니다. 물론 이런 반문도 있습니다. "독일 대중교통은 공영제로 운영되기 때문에 우리나라와 달리 이익 창출에 목을 맬 필요가 없지 않냐?" 이런 반문도 이해는 갑니다. 하지만 이런 반문과 상관없이 문제가 계속해서 발생하고 있다면, 발생 원인을 찾아서 하나씩 고쳐 가는 것이 선진국 원년의 대한민국 사회와 계획가가 마땅히 해야 할 책무가 아닐까요?

저는 계획가와 정책집행가들에게 매번 수많은 사건과 사고에 노출되어 있는 도시와 교통 공간을 '나'라고 놓고, '나'를 어떻게 고쳐 놓으려는지 물음을 던져 보고 싶습니다.

"당신에게 나는 무엇입니까?"

이 질문 속에서 당신이 만들어 놓은 다양한 '나'의 모습이 등장할 것 같습니다. 예산이 없다는 핑계로 인도 하나 만들 수 없었는지 그래서 지나가던 차량에 위험하게 노출되어도 아무도 책임지지 않아 온 '나'라는 지방도, "사람이 먼저입니다."라는 구호는 많이 걸어 놨지만 항상 차량의 진행 앞에 멈칫 서야만 하게 설계되어 있는 '나'라는 횡단보도, 휠체어를 타거나 유모차를 밀고 다닐 때 한쪽으로 기울어져서 제대로 다닐 수도 없게 만들어 놓고도 태연한 '나'라는 보행로, 주차가 불편해야 차량을 가지고 나오지 않는다고 대안의 교통수단을 마련해 주지도 않은 채 좁디좁은 주차면을 만들어 운전자만 진땀을 빼게 만들어 놓은 '나'라는 주차 공간, 이런 '나'는 누가 설계하고 만들어 놓은 '나'일까요? 그리고 어떻게 대해야 할 '나'일까요? 그저 질서를 지키지 않는 운전자만 탓하고 그냥 방치해 둬도 될 '나'일까요?

이 글 속에서 모든 교통 문제를 다룰 수는 없습니다. 제가 그리 많이 아는 것도 아니기 때문입니다. 다만 제가 볼 때 몇 가지만은 좀 더 짚어 보고 싶습니다.

지방도에는 인도가 없다.

　이상한 일입니다. 서울에서 태어나 서울에서 자랄 때 차도만 있고 인도가 없는 길을 거의 본 적이 없습니다. 자동차 전용도로와 고속도로는 예외였지만 어렸을 때의 기억이 생생한 1970년대에도 서울의 모든 대로변에는 인도가 확보되어 있었습니다. 아무리 길이 번잡하더라도 대로변에는 꼭 인도가 있었습니다. 물론 차량의 급속한 증가로 거주민의 보행 공간인 이면 도로가 차량에 의해 점령되어 버렸습니다만 보차분리를 통한 인도 확보는 꾸준히 진행되었습니다. 서울시 종로에 있는 인사동길만 하더라도 한때 차량으로 뒤덮이는가 싶었는데, 철저한 보차분리 계획을 수립하여 안전한 보행이 자리 잡기 시작했습니다. 웬만한 단독 주거지 동네에도 보행 공간이 잘 갖춰져 있습니다. 그런데 2020년이 훌쩍 지난 지금 지방의 지방도에는 인도가 없습니다. 농촌 도시의 도시재생지원센터를 맡아 다니기 시작하면서 시골의 지방도는 보행자에게 생명을 담보한 공간임을 확인할 수 있었습니다. 농민들은 쌩쌩 달리는 길옆을 아슬아슬하게 다녔습니다. 농번기든 농한기든 허리가 휜 노인들이 유모차 비슷한 것을 밀면서 아무런 보호도 받지 못한 채 찻길 옆을 다니고 계셨습니다. 밤에는 가로등이 없어 아예 깜깜함 그 자체였습니다. 더욱 치명적이었습니다. 이것은 충격이었습니다. 서울과 전주의 도시 격차가 대략 20~30년쯤 되어 보였는데, 전주와 고창의 격차가 또다시 대략 20~30년쯤 되어 보였습니다. 그러니 대도시와 지방은 50년의 격차를 보였다고나 할까요? 2000년 우리나라로 돌아와 어느 연구원에서 일하며 경기도 북부 지역을 답사하고 다닐 때 국민 소득 이만 불의 시대를 살고 있는 나라의 지방도에 인도가 없다는 사실은 충격이었습니다. 그런 충격이 가시기도 전 2002년에 기억하고 싶지 않은 '효순이와 미순이 사건'이 일어났습니다. 갓길을 걷던 두 여중생이 미군의 공병장갑차에 무참하게 압사당한 일입니다. 이런 말도 안 되는 일이 벌어지다니! 무지몽매한 미군이 가장 미웠지만, 인도만 제대로 확보되어 있었더라도 전혀 일어나려야 일어날 수 없던 사건이란 점도 잊을 수 없었습니다. 그런 지울 수 없는 아픔이 있었다면 20년이 지난 지금 전국의 지방도에는 인도가 깔려 있어야 하는 것이 당연한 일일 겁니다. 그런데 여전히 지방도에는 인도가 없습니다. 그래서 전라북도 도지사 인수위원회에 참여하면서 "지방도에 인도를!"이라는 정책을 공약으로 욱여넣었습니다. 대도시 사람들은 버젓이 안전한 인도를 다니는데 지방에 사는 사람은 왜 인도 하나 없는 지방도에서 위험에 노출된 채로 살아가야 하냐는 저만의 항변이었습니다. 누군가 그러더군요. 지방에는 걸어 다니는 사람이 별로 없어서 인도까지 만드는 것은 예산 낭비라고. 솔직히 이렇게 함부로 말하는 사람에게 한 방 먹이고 싶었습니다. 한 명의 인구만 있어도 그분은 존중받아야 합니다. 수가 많고 적음, 예산의 효율, 이런 것으로 판단할 일이 아닙니다. 이런 논리라면 그런 말을 한 그 사람이 소외의 당사자가 될 상황에 빠질 때 스스로 뭐라고 항변해서는 안 됩니다. 한 명이든 두 명이든 모두가 생명을 존중받을 수 있노록 계획을 수립하는 것이 계획가의 책무입니다. 그리고 그런 논리로 지방도를 방치했기에 살고 있던 사람들조차도 떠나는 악순환이 벌어진 것입니다.

지방도에는 속도가 다른 다양한 교통수단이 다니고 있습니다. 고속으로 이동하는 차량도 다니고, 저속으로 다니는 경운기도 다닙니다. 그리고 노약자를 위한 전동 휠체어도 많이 다니고 있습니다. 이런 상황을 고려하여 좁아도 저속으로 이동하는 운송기와 보행자의 이동을 보호하는 보행용 도로가 필요합니다. '보차분리'의 원칙, 이것은 상식이기 때문입니다. 이런 계획을 수립하고 집행하는 것이 공간계획가들이 잊지 말고 담당해야 할 가장 기본적 책무라고 봅니다.

자전거 도로는 차도로 내려가야 할까요?

어느 한 지역의 정책 결정과 집행에 중추적 역할을 하는 분들이 모인 워크숍에서 유명 인사들이 특강을 진행했습니다. 연사로 나온 한 분은 강의를 진행하며 '유럽의 자전거 교통과 이용 방식'을 통해 탄소중립 시대에 자전거 교통의 활성화가 얼마나 필요한지, 그런데도 왜 제대로 이루어지고 있지 못한지에 대해 역설하였습니다. 그러면서 간간이 우리나라의 자전거 도로는 왜 인도에 만들어져서 보행자의 보행권을 방해하느냐고 항변하였습니다. 유럽은 모두 차도에 자전거 노선이 확보되어 있는데 우리는 그렇지 못하다는 것이었습니다. 덴마크에서는 도시 내에서 자전거가 차지하는 교통 분담률이 30%에 육박한다고도 했습니다. 그리고 사진 한 장을 보여 주면서 외국에서는 차도를 버젓이 다니면서도 헬멧을 안 썼는데, 왜 우리나라에서는 굳이 헬멧 착용을 강제화하느냐는 것이었습니다. 지금이라도 당장 헬멧 벗을 자유를 주어야 한다는 것이었습니다. 이 발표는 2000년대 이후 지금까지 20여 년 가까이 흘렀음에도 지지부진한 자전거 도로 정책에 대한 탄식으로 들렸고, 다른 한편으로는 지방정부에서 일하는 정책집행가들에 대한 질타로 들리기도 했습니다. 이 말을 들으며 제가 1996년경 우리나라 국책연구원에서 일할 때가 잠시 기억났습니다. 그때 한 책임연구원께서 제주도를 시범 사업 지역으로 선정하여 자전거 도로를 계획하고 설계하던 것을 보여 주며 독일에서 공부하다 왔으니 자기보나 연상의 내용, 선신국의 내용을 훨씬 잘 알고 있을 거라 생각한다며 한번 검토해 달라고 했습니다. 당시 그 책임연구원과 나눈 이야기를 기억 속에서 더듬어 보면 핵심은 다음과 같았습니다. "누구나 '무엇을 만들자, 무엇을 설계하자.'라고는 쉽게 말할 수 있습니다. 하지만 이 것이 사회 속에 시민의 삶 속에 안정적으로 녹아들게 하려면 겉으로 드러난 계획 이면에 제도적 장치를 마련하는 것에서부터 시민의 교통 의식 개혁을 위한 다각적인 교육이 장기간에 걸쳐 지속적으로 선행되 어야 합니다." 이 말을 기억하는 이유는 2022년 어느 봄날 서울 종로 구 동숭동에 있는 경실련 강당에서 자전거 교통과 관련된 유사한 토 론회에서 변함없이 이와 비슷한 이야기를 했기 때문입니다. 1996년 을 지나 2022년이 되었는데도 비슷한 말을 했다는 것이 조금 창피하 긴 합니다만…. 그래도 이 말을 하나씩 풀어 가 보도록 하겠습니다.

유럽의 자전거 교통 발달은 수십 년의 세월 동안 수백, 수천 가지 의 보완적 정책의 꾸준한 병행 속에 진행되어 왔습니다. 그리고 가장 기본적인 것이 유치원 교통 교육입니다. 유럽에서는 유치원에서부 터 자전거 교육이 이루어집니다. 독일에서는 아이가 태어나 커 가면 서 생존을 위해 꼭 배워야 하는 것이 세 가지 있다고 합니다. 하나는 걷기이고, 두 번째는 헤엄치기이며, 세 번째는 자전거 타기랍니다. 첫 번째는 본능적으로 하고, 두 번째는 아기들이 물에서 노는 것을 두려 워하지 않도록 가족이 함께 수영장에 데리고 갑니다. 그리고 유치원 에서부터 아이들은 자전거 타는 것을 배웁니다. 세발자전거에서 두발 자전거로, 그리고 두발자전거를 능숙하게 타기 시작할 때는 교통경찰이 유치원으로 와서 헬멧을 잘 쓰고, 질서를 잘 지키며, 코스를 바르게 완주하는지 살펴봅니다. 특정한 날을 골라 아이들에게 자전거 운전면허증을 줍니다. 이것이 공식적으로 면허증이란 것을 받기 시작하는 첫 행사입니다. 물론 형식적인 교육 과정이지만 이런 과정을 부모님들이 함께 참관하며, 축하합니다. 교통경찰은 이곳에서 자전거 운전자가 가장 보호받아야 할 대상이고, 차량 운전자는 자전거가 지나갈 때 얼마나 속도를 줄이고, 얼마나 떨어져서 조심스럽게 운전해야 하는지, 무엇보다 추월할 때는 어느 경우에 어떤 방식으로 해야 하는지를 세세히 교육합니다. 이러한 것은 정확히 문서화된 매뉴얼에 따라 진행됩니다. 자신의 아이들을 앞에 두고 부모가 받는 교육, 이것은 아주 중요한 행사 중의 하나며, 연중무휴로 기회가 올 때마다 이루어집니다. 그렇기 때문에 거의 모든 운전자는 자전거 교통을 가장 우선시하면서 뚜렷이 배려합니다. 이런 사회적 교육과정은 일부에 불과합니다. 자전거 교통을 활성화하기 위해 버스, 지하철, 트램 등의 대중교통에는 자전거를 싣고 탈 수 있는 객실까지 널찍이 만들어 두었습니다. 자전거 교통을 활성화하려고 몇십 m씩 땀을 뻘뻘 흘리면서 타고 다니라고 할 수는 없기 때문입니다. 그렇다고 아무 때나 자전거를 싣고 다닐 수 있지도 않습니다. 자전거 교통량이 늘어나야 하는 출퇴근 시간대나 주말의 특정 시간대를 지정하여 자전거를 대중교통에 실어서 이동할 수 있습니다. 처음에는 이런 제도적 장치의 마련이 쉽지 않았습니다. 아무리 좋은 제도라도 처음에 도입하려면 사회적 불편이 발생할 수 있기 때문입니다. 이런 성과를 거두기까지

ADFC (Allgemeiner Deutscher Fahrrad-Club e.V.)라는 '독일 자전거 등록 협회'의 꾸준하고도 집요한 노력이 있었습니다. 자전거 이용자들의 안전과 권익을 보호하기 위한 이익 단체라고도 할 수 있고, 시민 단체라고도 할 수 있습니다. 이들의 전문적이고도 투철한 정책적 투쟁(?)이 하나씩 정책에 반영된 것입니다. 이러한 관점에서 제가 살던 독일 도르트문트시에서는 시청 공무원의 자전거 출퇴근을 촉진하기 위해 다양한 형태의 인센티브를 주기도 하고, 자동차를 가지고 출근할 경우에는 높은 주차료를 부과하여 자동차 통행량을 줄여 나가는 정책을 실행하기도 하였습니다. '숭자억차(崇自億車)' 정책이었죠. 하하하. 숭유억불(崇儒億佛)에서 따와 봤습니다. 아무리 그래도 자전거 타기가 불편하고 차량에 의해서 계속 위협을 받는다면 누가 쉽게 자전거를 타려고 하겠습니까? 그렇기 때문에 지방정부는 세세한 자전거 도로 설계 원칙을 제시하고 있습니다. 많은 사람이 자전거 차선만 그으면 되는 줄로 착각합니다. 아닙니다. 자세히 유럽의 상황을 보면 신호등 체계에 있어서 빨간불이 파란불로 바뀌는 순서가 차로마다 다름을 알수 있습니다. 도심 구간에서 제일 먼저 자전거 차로의 신호등(자전거 모양이 그려져 있음)이 파란불로 켜집니다. 그리고 자전거가 출발하고 난 뒤, 대중교통 차로의 신호가 파란불(신호등 속에 대중교통 수단이 그려져 있음)로 바뀌어 자전거를 따라옵니다. 자전거를 따라갈 수밖에 없는 구조로 만든 것입니다. 그리고 대중교통이 출발하고 난 뒤, 개인 교통수단의 차로에 파란불(자동차 모양이 신호등 속에 그려져 있음)이 들어옵니다. 그리고 도로의 바닥에 보면 정지선의 위치도 다릅니다. 가장 앞서서 그어진 정지선의 차로는 자전거 차로입니다. 그 뒤에 대중교통 차로의 정지선이 그어져 있습니다. 그리고 마지막으로 일반 개인 차량의 차들이 정지해야 하는 차로의 정지선이 그어져 있습니다. 이것은 무엇을 말할까요? 자전거 운전자는 언제나 제일 앞에 서 있을 수 있고 제일 먼저 출발할 수 있도록 하는 것입니다. 이것이 도심 교통의 원리입니다. 도심 구간에서는 우리나라처럼 차량이 쌩쌩 질주할 수 없습니다. 질주할 수 있는 곳은 아우토반 (Autobahn)뿐입니다. 도심은 다양한 교통수단이 공존하며 안전하게 주행하는 공간입니다.

지금까지 적어 놓은 것은 가장 기본적인 것에 불과합니다. 이 외에도 자전거 차로의 노면 상태, 공사 중일 때 자전거 차로의 우회 경로 확보, 자전거 공영 주차장의 설치와 자동화, 자전거 운전자의 좌우 회전 시 수기 표시 등 열거하려면 한도 끝도 없을 듯합니다. 무엇보다 이러한 노력이 하루아침에 이루어지지 않았습니다. 쉽게 말해 인도를 달리던 자전거가 차도로 내려와 자신의 차로 하나를 확보하기까지 독일에서도 십여 년의 세월이 걸렸고, 이 도시에서 저 도시로 확산되기까지 또 십여 년의 세월이 걸렸습니다. 이를 위해 교통 의식 개혁을 위한 유치원에서부터 시작된 전인 교육이, 그리고 끊임없이 이루어지는 안전과 숭자억차 정책을 만들어 낸 지방정부의 정책과 홍보가, 수많은 시민과 전문가가 참여하여 만들어 낸 ADFC라는 독일 자전거 협회의 노력이, 무엇보다 이미 1990년대 초에 '자동차 없는 도시 Autofreie Stadt. Carfree movement'라는 주제로 박사 학위를 받아 도심에서 궁극적으로 자동차가 없이도 충분히 살아갈 수 있는 도시를 만들어 내려는 박사 논문이 지방정부의 적극적 행정에 반영되기까지 수많은 것이 하나로 귀결되는 과정이 있었음을 잊어서는 안 됩니다. 과연 우리는 이 중 얼마만큼의 노력을 해 왔는가요? 자전거 도로가 갑자기, 지금 당장 차도로 내려와도 될까요? 지금 헬멧을 자유롭게 벗어 던져도 될까요?

이제 자전거 도로와 자전거 운전자가 차량 운전자에게, 정책집행가에게 그리고 공간계획가에게, 얼마나 치밀하고 얼마나 심혈을 기울여 '나'를 대해 왔는지 묻고 싶습니다.

"당신에게 나는 무엇입니까?"

마지막으로 한 가지만 더 나누고 싶습니다. 앞서 1996년 당시 한국책연구원에서 제주도에 자전거 도로 시범 사업을 진행하면서 제게 자문을 구한 적이 있다고 적었습니다. 그때 그곳의 책임연구원께서는 야심 차게 자전거 도로 계획을 제주 전역에 깔아 놓았습니다. 저는 우리나라에서 자전거 도로가 아무리 많이 만들어져도 이용률에 한계가 있을 수밖에 없는 지형 구조의 상황을 놓치지 마시라고 말씀드렸습니다. 오르막과 내리막이 심한 제주도는 더더욱 그렇기 때문입니다. 앞서 말씀드렸던 한 워크숍에서 거론된 30%에 육박하는 덴마크의 자전거 이용률도 우리와 단순하게 비교해서는 안 됩니다. 거의 평지나 다름없는 덴마크나 네덜란드에서는 자전거 이용이 훨씬 수월합니다. 다만 전기 자전거 등 전동용 저속 이륜차가 활성화되고 있는 시점에서 우리나라의 지형 구조가 평탄하지 않더라도 자전거 이용률은 개선될 것이라고 기대합니다. 중요한 것은 이용률보다 얼마나 치밀하고 안전한 교통 환경을 마련하느냐는 것입니다. 그리고 이런 치밀함과 안전한 교통 설계가 단순히 자전거 도로에만 국한되지 않고 시민이 날마다 접하는 모든 교통 공간에서 얼마나 광범위하게 마련되느냐는 것입니다. 거주민의 편안한 보행이 보장되어야 할 공간이 주차장으로 변해 버린 주택가 이면 도로를 걸을 때, 보행이 어려울 정도로 횡단면에 경사각을 만들어 놓은 인도를 걸을 때, 좁은 보행 공간임에도 불구하고 가로수, 가로등, 통신 시설물, 게다가 자전거 도로까지 오만 가지가 혼재되어 있는 울퉁불퉁한 인도를 걸을 때, 회전 교차로에서 교통 원칙도 모른 채 마구 달려드는 진입 차량의 무모함을 느껴야 할 때, 후진국에서나 겪을 법한 오토바이와 같은 이륜차의 불쾌할 정도의 무질서와 횡포를 느껴야 할 때, 그리고 무엇보다 대형 트럭의 신호를 위반하며 달려가는 과속과 과적을 느껴야 할 때, 안전과 편안함이 확보되지 않는다면 그것은 공포의 교통 시한폭탄을 떠안고 살 수밖에 없는 것이나 다름없습니다. 이런 문제는 어떻게 풀어 가야 할까요?

최근에 우리는 교통 신호 및 과속 단속 장치를 설치하여 운전자들의 교통질서를 제어하고 있습니다. 그런데 이를 비웃듯이 피해 가는 차량이 정말 많습니다. 일단 많은 차량이 신호 장치 앞에 거의 다 와

서야 속도를 줄입니다. 그리고 그 신호 장치를 지나면 다시 제한 속도를 넘어선 과속으로 달려 나가기 시작합니다. 지금까지 속도를 줄인 것에 대한 자기 보상이라고나 할까요? 이륜차는 아예 요리조리 차로를 바꾸고 끼어들면서 치고 나갑니다. 그렇다면 어떻게 이런 상황을 제어할 수 있을까요? 완벽한 제어가 정말 쉽지 않습니다. 분명한 것은 하나만 고치면 많은 것을 제어할 수 있을 것이라는 착각을 벗어 버려야 한다는 것입니다. 문제 발생은 언제나 복합적입니다. 해결 방안도 종합적인 사고와 전체적인 그림을 기반으로 단계적으로 마련되어야 합니다. 가장 기본적인 교통 제어의 출발점은 차로의 가로 폭에 있다고 봅니다. 고속도로와 일반도로의 차로 가로 폭은 다릅니다. 고속도로에서 차량이 100km 이상의 속도를 유지하면서도 안전 운행이 가능하게 하려면 안전 간격이 충분히 넓게 확보되어야 하기 때문입니다. 「도로의 구조·시설에 관한 규칙」에는 차로의 최소 폭이 제시되어 있습니다. 다만 문제는 시공을 할 때 차량 속도 기준에 정확히 맞춘 설계에 따라 차로를 개설하느냐는 것입니다. 가장 바깥 차로를 보면 불법 주정차가 빈발할 정도로 너무 넓게 만들었다는 느낌입니다. 물론 차체가 큰 대형 차량의 운행이나 잠시 정차하는 차량 또는 우회전 차량의 원활한 통행을 고려했다고 볼 수 있겠으나, '도로'가 갖는 주된 목적을 놓치고, 결과적으로 불법 주정차가 만연한 공간을 만들어 버린 것이 아니냐는 느낌을 지울 수 없습니다. 또 이런 넓은 차로를 이륜차들이 비집고 들어와 추월해도 되는 '기회의 차로'로 제공한 느낌입니다. 즉, 교통이 더 혼란스러운 지경입니다. 따라서 감속 정책이 시행되면 단속용 신호등만 갖추는 것이 아니라 그에 맞춰 차로 폭을 줄여 속도를 제어해야 합니다. 이것이 가장 기본적인 후속 조치일 것입니다. 이런 것을 종합적으로 다루는 것을 '교통 정온화*Traffic Calming*'라고 부릅니다. 그리고 이에 대한 설계 및 유지 관리 지침도 있습니다. 그런데 2019년에 제정된 우리나라의 지침을 살펴보면 내용이 치밀하지 못합니다. 방금 위에서 살펴본 「도로의 구조·시설에 관한 규칙」에도 차로의 최대 허용 폭은 제시되어 있지 않습니다.

이리저리 따지다 보면 사실 거론하고 싶은 것이 한둘이 아닙니다. 도로의 가장자리에 빗물 등 배수가 원활히 이루어지도록 '측구'를 두는데, 이 '측구' 바깥쪽에 그어진 황색 또는 백색의 주정차 제한선은 측구로부터 어느 정도 띄어서 긋는 것이 알맞은지, 왜 일관성 없게 그어졌는지, 모든 것이 궁금합니다. 과속이나 불법 주정차 그리고 위험한 끼어들기 등을 적극적으로 억제하여 정말 안전한 교통 공간을 창출해 내려면 이런 '자투리' 공간을 세밀하게 그리고 놓치지 말고 정확히 관리해야 하지 않나 생각하게 됩니다. 대안적 이용가능성도 살펴보면서 말입니다.

이런 교통의 문제를 거론한 것에 대해 교통 전공자들이 제게 도시계획을 주 전공으로 한 주제에 왜 교통 공간을 놓고 왈가왈부하느냐고 한마디 하실지도 모르겠습니다. 제가 잘못되거나 좁은 생각으로 거론하였다면 겸허히 받아들이겠습니다. 그리고 부족한 것은 더욱 자세히 배워 가겠습니다. 다만 바라는 것은 이런 고민이 우리 모두의 안전한 삶을 다시 돌아보게 만들고 진정으로 기여하는 또 하나의 계기가 되었으면 한다는 것입니다.

6

부동산은 선인가 악인가?[13]

질문 자체의 황당함

질문 자체가 황당해 보이죠? 이렇게 안 쓰면 읽지 않으실 것 같아서 적어 봤습니다. 하지만 우리가 얼마나 이분법적 논리 구조에 세뇌되어 있는가를 극명히 보여 줄 수 있는 재미있는 제목이라고 생각합니다.

각설하고….

연일 언론 지상에 보도되는 기사를 읽거나 TV의 뉴스를 듣다 보면 우리나라에 이렇게 많은 부동산 투기꾼과 사기꾼이 득실거렸나 하는 생각이 듭니다. 집을 구하기는 하늘의 별 따기인데 혼자서 수십, 수백 채씩 집을 가진 ×은 들끓고 있으며, 땅은 좁아터져 집 지을 터도 제

---

13) 2021년 4월 참여자치 전북시민연대에서 매달 발간하는 『회원통신』 통권 243호에 기고했던 글을 조금 손보아서 수록하였습니다. 일부 논조가 지금까지 전개해 온 내용과 조금 다르게 읽힐 수도 있습니다. 하지만 근본 취지와 맥락을 발견한다면 정책결정가들에게 올바른 정책 방향을 만들어 내라고 말하고 있음을 느낄 수 있을 것입니다.

대로 없는데 혼자서 매점매석해 둔 ×이 무수히 많기도 합니다. 또 직무와 관련된 정보를 가지고 부동산을 저가에 사 놓고는 고가에 팔아 막대한 개발 이익을 거둬들이는 수법은 대단해 보이기도 합니다. 벌써 몇 해 전부터 도시 계획과 부동산 분야의 학자들도 부동산 정책을 어떻게 펼쳐야 할지에 대해서 다양한 논의를 펼쳐 왔습니다. 개인이 집 한 채만 갖도록 허용하는 것이 타당한 것인지, 아니면 수도권에 한 채 그리고 비수도권에 한 채 더 갖기까지 허용하는 것이 맞는지, 그런데 만약 원룸으로 이루어진 다가구 주택을 한 채 가지고 있으면 그것은 몇 채로 보아야 하는지…. 이렇게 논의에 논의를 거듭하다가 "아니, 열심히 저축하고 아껴서 적법하게 마련한 사람까지도 집 몇 채 가지고 있다고 죽일 ×을 만들어 버리는 게 맞느냐? 상속받은 것도 죄냐? 이게 시장 경제를 이룬 자본주의의 나라에서 할 짓이냐? 아니, 정부는 보유세든 거래세든 세금을 계속해서 올리는데 정부의 정책 독과점과 과세 독과점은 선이고, 집 몇 채 가지고 있는 사람은 악이냐? 이런 정책 행위가 과연 누구를 위한 것이냐?"라는 말이 터져 나왔습니다. 그리고 점점 열기가 뜨거워지면서 "집 없는 사람의 설움이 얼마나 큰데."라는 고성이 터지기 시작한 순간, 사회자는 토론이 원래 논점에서 벗어나지 않도록 적절한 정책을 찾는 것에 국한하자고 한다며 서둘러 진정시켜야 했습니다. 하지만 논의가 끝나고 난 뒤 삼삼오오(거리두기 때문에 '삼삼사사' 하하하) 모인 담소 시간은 훨씬 더 뜨겁고 활기차 보였습니다. 당시에 논란이 되었던 것이 정책이라고 다 정책이 아니란 이야기였습니다. 정부 정책은 시장 경제의 기능이 잘 돌아가도록 메

커니즘을 만들어 주는 것이요, 정말 문제가 있는 부분을 찾아내서 그 것을 제거해 내도록 섬세하게 만드는 것인데, 지금은 이것저것 다 무 시하고 그냥 과세 기준을 급격히 올려 거의 때려잡기 수준의 정책을 만들어 놓는 것 같다는 비판이었습니다. 마치 과거에 의사가 감기만 걸려도 무조건 항생제를 기본 7일씩 처방하던 그것과 다를 바 없어 보인다는 것이었습니다. 무엇보다 거의 때려잡기식 정책이 펼쳐졌고 이제 언론까지 부동산 적폐로 편을 나누면서 LH라는 공기업의 직원 은 거의 전부 도둑놈이 된 듯합니다.

이런 이분법적 논리, 부동산이 선인지 악인지를 생각해 보라는 말 도 안 되는 상황이 펼쳐지고 있습니다. 내부 정보를 개인적인 부의 증 식을 위해 편취한 것은 당연히 정당화될 수 없는 불법 행위임이 틀림 없습니다. 하지만 부동산 소유 자체를 선악의 잣대로 잴 수 있는 것 처럼 보이게끔 하는 상황은 정말 위험합니다. 자본주의 사회에서 개 인이 부를 늘려 가는 것은 거의 인간의 본능에 가까운 속성이기도 하 고 사회 구성원에게 주어져 있는 기회 추구 행위일 수도 있습니다. 국 가 자체도 과거보다 더 '부'강해지려고 하지 않는가요? 부동산은 주거 용 공공재의 성격뿐만 아니라 부동산 시장이 존재한다는 측면에서 시 장재로 보는 것도 당연하기 때문입니다. 이런 양면성 때문에 의사가 정확히 진단을 해서 곪은 데서부터 정확히 독소를 제거해 내듯이 시 장 참여자의 부당 거래 행위나 과열 현상을 정확히 제거해 낼 수 있도 록 정책을 펼치는 것이 정부의 역할입니다. 그런데 지금 정부는 이런 정밀성보다는 거의 모든 국민을 물질욕에 병든 중증 환자처럼 대하고 있는 듯합니다. 그런데도 이들의 처방은 시장에서 잘 먹혀들지 않고 있습니다. 이것은 무슨 이유 때문일까요?

소수 의견인 듯하나 정책 오류를 다른 관점에서 찾는 경우도 꽤 있습니다. 정부는 주택 가격 상승이 그저 주택 부족을 해소하면 풀릴 거라고 생각하는 것 같고, 주택 부족의 원인으로 수도권에 특정 소수가 과도히 주택을 소유하기 때문에 이것을 강력하게 통제하면 주택 가격이 낮아질 것이며, 나아가 부족한 주택을 공공 기관이 지속적으로 저가로 공급하면 해소될 것으로 생각하는 듯합니다. 그런데 그것이 맞지만은 않다는 것입니다. 물론 단기적 효과는 기대할 수 있을지 모르겠지만 이게 그리 단순하지 않다는 것이지요. 오히려 현실을 보겠습니다. 우리 사회의 인구가 지속적으로 감소하고 있으며, 3~4년 뒤에는 대학의 반이 없어질 위기라고 예측하고 있습니다. 그렇다면 지금 같은 방식의 대규모 공공 주택 공급은 4~5년 뒤에는 어떤 상황을 만들어 낼까요? 거주자 없는 공급 과잉으로 정부가 집값 폭락을 유발한 원인자가 될 수 있고, 경우에 따라서는 거주자 없는 주택 가격 상승을 유발시킨 원인자가 될 수도 있습니다. 만약 후자의 경우라면 정부는 뭐로 설명할 것인가요? 즉, 주택 가격 상승이 인구와 상관없이 발생할 수 있다면 말입니다. 실제로도 인구보다 시중에 풀린 돈이 너무 많고, 그 돈이 지금까지 그래 왔듯이 안전 자산이라고 생각되는 부동산으로 몰리는 경향이 분명했던 것을 전제로 한 것입니다. 그런데 이런 안전

자산이 집중된 대도시에 또 주택을 대량으로 공급한다면 시중의 자산 가들은 다시 새롭게 만들어진 신규 안전 자산에 투자하려 들지 않을까요? 아니 자산가들뿐만 아니라 영끌도 또다시 시작되지 않을까요? 사실 이것은 현실이고, 앞으로도 거의 동일한 현실로 충분히 반복될 만한 것이라는 생각마저 듭니다. 그렇기 때문에 수도권에 더욱 가성비 뛰어난 주택을 계속 공급한다는 것은 정부가 국민에게 부동산 투자를 부추기는 거나 다름없다고 볼 수 있는 것입니다. 지금처럼 수도권에 그린벨트를 일순간에 부셔 가면서 3기 신도시니 미니 신도시니 하면서 지어 대는데 이것을 노리지 않는 사냥꾼이 자꾸 생겨나지 않겠느냐는 말입니다.

그런데 또 다른 문제는 4~5년 뒤에 우리나라는 '방치된 자연만이 가득한 지방을 가진 자랑스러운 서울민국으로 승화되지 않을까?'라고 생각해 보게 된다는 것입니다. 뭐 나라도 좁아터졌는데, 서울민국이면 어떻고 지방이 조금 비면 어떻겠냐고 말할 수 있을지도 모르겠습니다. 그렇게 생각한다면 할 말은 없습니다. 그러려면 차라리 낙후되고 노후화된 지방을 가능한 한 빨리 비우고 전부 다 서울과 수도권에 모여 살게 만들어야 맞지 않을까요? 이렇게 되면 최고조로 효율성이 극대화된 집약적 국가 형성이 가능할지도 모르겠습니다. 저도 외쳐 보겠습니다. "그 외의 지역은 전부 다 야생이 살아 숨 쉬는 천연자연의 공간으로 만들자!" 지금 저는 비꼬는 중입니다. 느끼고 계시죠?

국토부의 역할은 무엇인가?

국토부의 역할은 무엇일까요? 국토부는 부동산부가 아닙니다. 국토부는 서울수도권부도 아닙니다. 국토부라는 명칭 자체가 말하듯이 국가 전체의 국토를 관리하고 균형 발전을 추구하여 국민 모두가 어디에 살든 골고루 잘 살 수 있도록 기여해야 할 역할을 맡고 있습니다. 또한 왜곡되어 있는 불균형의 요소를 찾아내 불균형성을 해소하고 국가 전체가 골고루 발전할 수 있도록 정책을 펼쳐 가는 데 초점을 맞춰야 하는 부처입니다. 이것을 놓치고 있기 때문에 부동산 왜곡의 문제가 심각히 발생하고 있는데도 손을 놓고 있는 듯합니다. 부동산은 공공재이기도 하지만 시장재이기도 합니다. 소모품 같아 보이지만 투자재 같은 성격도 지니고 있습니다. 그렇기 때문에 한 면만 보고 그것이 전부인 양 대해서는 안 됩니다. 그렇기 때문에 투자재요, 시장재의 가격을 낮추는 것만이 능사가 아니기도 합니다. 투자재와 시장재의 가격이 적절히 유지될 때 건강한 사회가 형성됩니다.

잘못된 처방 또는 한 면만 고집하고 있는 처방에 목매달고 있는 정부 정책을 보면 안쓰럽기 그지없습니다. 예를 들어 전문의가 일상적으로 취해 온 처방이 말을 듣지 않는다면 이것은 단순히 넘어갈 문제가 아닙니다. 환자를 살리기 위해서는 다른 분야 전문의들의 의견도 들어 보아야 합니다. 접근 방법을 완전히 바꿔 보기도 해야 하고, CT를 넘어 MRI를 찍기도 하고, 입체적 MRA를 찍기도 해야 합니다. 그러면 원인이 더 분명히 밝혀지고 해결책이 찾아집니다. 이처럼 집을 공급할 때 집 가진 사람 때려잡는 부동산 정책을 쏟아붓는 것을 넘어 국토라는 큰 그림을 보면서 도시 정책, 주택 정책을 펼칠 줄 알면 좋겠습니다.

수도권에는 우리나라에서 가장 좋은 것이 다 있습니다. 회사도, 대학도, 주택도, 하다못해 놀거리와 볼거리도 그곳에는 다 있습니다. 이런 곳에 사람들이 돈을 투자하지 않는다면 어디에다가 투자할까요? 누군가 제게 투자하라고 한다면 저도 그곳에 투자하겠습니다. 다만 문제는 수도권의 빨대 효과가 지방의 목을 조르고 있는 현실입니다. 만약 지방에도 수도권과 같이 가장 좋은 것을 나눠서 가지고 있게 한다면 부의 편중이나 왜곡된 지가앙등 같은 문제는 훨씬 누그러들 수 있지 않을까요? 이것을 분산 효과라고 부릅니다. 그러려면 지방에 젊은이들이 찾을 만한 좋은 일자리를 많이 들어서게 정책을 펼쳐 주어야 합니다. 대기업도 지방으로 올 수 있도록 세제 혜택을 비롯한 정책을 강력하게 추진해야 합니다. 그리고 인프라 시설도 더욱 강력하게 구축해야 합니다. 세종시가 성공한 모델이요, 혁신도시가 성공한 모델이라고 자평하듯이 그런 혁신도시와 기업도시가 지방에 더욱 많이 더욱 빠르게 확대되어야 합니다. 저는 노무현의 균형 발전 정신을 계승했다는 정부에서 그와 같은 정신을 발견하기 어려웠습니다. 인구로 꽉 찬 수도권에 다시 3기 신도시를 빼곡히 짓겠다고 얼빠진 정책을 펴는 정부가 부순 노무현을 운운할 수 있단 말입니까!

도시재생은 어디로 갔나?

　문재인 정부가 시작될 때 커다란 정책적 화두는 도시재생이었습니다. 도시재생을 추진하고자 했을 때 학자나 정책가가 공감했던 고민거리는 재개발, 재건축과 같은 사업이 빚어내는 폐해와 폐단을 어떻게 극복할 수 있느냐는 것이었습니다. 재개발, 재건축이 가진 폐단은 민간 사업자 주도로 사업이 진행됨에 따라 주거 등의 기능이 개선되는 것보다도 돈의 논리에 따라 집값 상승이 더욱 두드러졌고, 가난한 원주민은 치솟은 주거 비용으로 재정착은 엄두를 내지도 못하는 형편이 되었던 것입니다. 게다가 사업성이 있다고 판단된 대도시에서는 어떻게 해서든 조금이라도 일찍 재건축 시장에 진입하려고 난리를 쳤지만 사업성이 떨어지는 지방과 시골에서는 주거 환경 개선을 위한 사업조차도 진행되지 않는 답보의 연속이었습니다. 이런 격차의 문제는 빈부의 갈등을 넘어 사회적 불평등, 지역 간 불균형의 갈등으로 나타났고 주거에만 초점을 맞춰 이루어진 재개발 지역은 결국 도시의 자족성이라고는 찾아볼 수 없는 제2의 초고밀 주거 밀집 지역만 양산해 버렸습니다. 이런 문제를 심각하게 바라보며 해결 방안을 고민했던 것이 도시재생이었고 정부도 이것을 제1의 국토 정책이요, 대표 공약으로 내세웠습니다. 무엇보다 도시재생을 통해 '돈'에만 눈을 고정시키고, 귀를 세운 사람들의 사고를 조금이라도 바꿔 보려는 정책적 도전이기도 했습니다. 또한 관 주도형 또는 민간 사업자 주도형 개발을 넘어 지역 주민과 관 그리고 민간의 삼자가 수평적 협의를 통해 의사 결정을 이루는 구조로 바꾸고자 하는 도시 정비 방식의 대전환이기도 했습니다. 하지만 그때 추구했던 그 가치를 얼마나 어떻게 실현하고 있는지 묻지 않을 수 없습니다. 무엇보다 도시재생의 가장 작은 가치 중 하나였던 지방도시의 정주 환경을 정말 바라던 대로 그렇게 개선하고 있는지 그리고 그곳에 살던 분들이 계속해서 그곳에 정착하고 나아가 새로운 분들이 대도시로부터 역류하게 만들고 있는지 묻고 싶습니다. 무엇보다 정책적 의지를 가지고 정부가 이를 제대로 추진하고 있는지 묻지 않을 수 없습니다. 이것이 이루어지도록 정부는 세심히 관찰하고 정책적 도움을 일관성 있게 베풀었는지도 묻고 싶습니다. 만약 그렇지 않다면 지금까지 추진한 도시재생을 통해 그렇지 않게 만든 요인은 무엇인지 더욱 진지하게 고민해 보아야 하지 않을까요?

놓칠 수 없는 가치, 국토 균형 발전 그리고 LH의 역할

　한때 LH라는 토지주택공사를 때려잡느라 정신이 없었습니다. LH에 다니는 친구들의 말을 들어 보면 자신들이 지능형 투기꾼, 지능형 범죄자가 된 듯한 느낌을 받아 어쩔 줄 모르겠다고 합니다. 이렇게 때려잡으려면 차라리 LH를 없애는 편이 낫지 않을까요? 하지만 저는 때려잡는 것만이 능사가 아니라고 말하고 싶습니다. 한편으로 LH를 국토 균형 발전의 기구로 재편하는 것이 필요하다는 생각입니다. 수도권이나 대도시와 관련된 일에서는 완전히 손을 떼고 중소도시 규모 이하로 낙후된 지역의 발전과 도시 및 농산어촌 관리와 재생에 초점을 맞춘 조직으로 개편해 나가는 것이 좋겠다는 생각입니다. 당장 그렇게 안 된다면 비중을 조정해 나가는 것이 필요하다고 봅니다. 관할 부처도 국토부 단독의 관할을 받는 기구가 아니라 국토부, 농축산부 그리고 해양수산부의 공동 관할을 받거나 지역균형발전위원회의 부속 실행 기구로 만들어 공간과 관련하여 균형적 발전에 기여하는 기구로 개편해 나가는 것이 바람직하지 않을까 생각해 봅니다. 물론 스마트시티를 창출해 나갈 수도 있겠죠. 하여간 무슨 역할을 하든 이번에 드러난 문제를 기반으로 LH가 민간 개발 회사처럼 부동산 개발 사업으로 벌어들였던 돈은 지역 불균형 극복을 위한 기금으로 재투자될 수 있도록 하고, 앞으로는 제도적 장치를 갖춰 이와 같은 유사 행위가 발생할 때는 모든 수익이 지역 발전 기금으로 재투자되도록 더욱 강력한 법적 장치를 마련해야 하지 않을까 생각합니다.

지금까지 일어난 부동산 문제를 특정 투기꾼만의 문제로 몰아가는 데 몰두하지 말았으면 좋겠습니다. 과거 정부를 비롯해 지금 정부까지 정책 오류도 일조했다는 것을 알아 두어야 합니다. 남 탓만 할 것도 아닙니다. '대도시에서, 대도시민만을 위한, 대도시민의' 잔치로 끝나 버리는 정책이 계속 이어진다면 「헌법」 전문에 나와 있는 "안으로는 국민생활의 균등한 향상을 기하고"라는, 즉 국민 누구나가 어디서 살든 골고루 행복하게 사는 여건을 만들어야 한다는 가치는 결코 실현할 필요도 없는 무가치가 될 것입니다.

7

메가시티 플랜이라는 초광역권 계획,
우리에게 던져 주는 시사점은?

　우리나라가 발전하면서 고질적으로 발생해 온 문제점은 서울을 포함한 수도권 집중이었습니다. 수도권의 과도한 집중을 억제하고 과밀에서 벗어나기 위해 1971년에 서울을 둘러싸고 그린벨트라는 개발제한 구역을 지정하고 관리하는 특별법을 제정하여 서울을 비롯한 대도시의 무분별한 팽창을 억제하기 시작했습니다. 그러나 서울을 관리한다고 문제가 해결되지 않았습니다. 1982년 12월에 서울, 인천 그리고 경기도 전체를 권역으로 나눠 인구 유입 요인을 억제하고 관리하는 「수도권정비계획법」을 제정하였습니다. 하지만 이러한 억제 정책으로는 수도권 집중의 문제가 해결되지 않았습니다. 새롭게 2000년대에 들어서 정부는 적극적으로 수도권의 기능을 지방으로 이전하는 계획을 추진하기에 이릅니다. 2005년 「신행정수도 후속대책을 위한 연기·공주지역 행정중심복합도시 건설을 위한 특별법」을 제정하여 50만 명 규모의 인구를 수용할 수 있는 신행정 수도를 건설하였습니다. 더불어 수도권에 위치하고 있는 공공기관을 비수도권의 지방으로 이전하는 「공공기관 지방이전에 따른 혁신도시 건설 및 지원에 관한 특별법」을 제정하였습니다. 이에 따라 전국에 10개의 혁신도시가 건설되었고, 이곳으로 2019년에 이르기까지 총 153개의 공공기관이 이전을 완료하였습니다. 지방의 입장에서 혁신도시는 인구 급감과 지역 소멸의 위기를 해갈하는 단비와도 같았습니다. 물론 해당 기관의 종사자가 모두 지방으로 거주지를 옮기지 않았지만 새로운 일자리가 지속적으로 지역에서 창출되고, 새롭게 취업을 한 젊은이들은 지역을 주소지로 살아가는 효과가 나타나기 시작했습니다. 그럼에도 불구하고 2019년 말에 조사된 수도권 인구는 우리나라 전체 인구의 절반을 넘어섰습니다. 이 정도로는 백약이 무효한 상황처럼 보였습니다. 오히려 수도권에서는 여전히 주택 가격 앙등과 교통 혼잡 등 과밀에 따른 사회적 비효율이 가속화되었고, 비수도권의 많은 지역이 초고령화 사회로 넘어서면서 인구 소멸, 지방 소멸의 위기에 내몰렸습니다. 이것은 국가 균형 발전을 심각히 저해할 뿐만 아니라 국가 경쟁력에도 커다란 장애 요인으로 인지되었습니다. 이런 맥락에서 2020년 1월 대구광역시와 경상북도가 지방자치단체 주도로 대구·경북 행정통합을 공식 선언하고 연구단을 신설하여 '대구·경북 행정통합 기본구상'을 마련하기 시작했습니다.[14] 이는 2020년 11월 '광주·전남 행정통합 논의를 위한 합의문' 서명과 충청권에서 '충청권 광역생활경제권 추진 합의문'을 마련하는 것으로 이어졌습니다. 무엇보다 2022년 4월 18일 「부산울산경남특별연합규약」이 행정안전부의 규약 승인

14) 김예성, 하혜영, 2022. 05. 12., 국가균형발전을 위한 초광역협력 현황과 향후과제, 국회입법조사처, NARS 입법·정책, 제105호, p. 25~32의 내용을 요약·발췌

을 받으며 부울경특별연합의 설치에 대한 공식적 절차가 완료되었습니다. 부울경은 2021년 2월 25일 '동남권 메가시티 구축 전략 보고'를 통해 광역지방자치단체 간 초광역 협력 추진을 공식화하였고, 3개 시·도의 합의하에 7월에는 특별 지자체 설치 준비를 위한 부울경 특별지방자치단체 합동추진단(이하 합동추진단)을 구성하였습니다. 이 메가시티 계획에는 초광역 사무로 광역철도망·도로망·대중교통망 구축, 수소경제권 구축, 항공산업·조선산업·자동차산업 육성 등 총 18개 사무를 선정하였고, 중앙행정기관장으로부터 대도시권 광역교통 관리에 관한 사무, 광역간선급행버스체계 구축·운영에 관한 사무, 2개 이상 시도에 걸친 일반 물류단지의 지정에 관한 세 개의 사무를 위임받기로 하였습니다. 나아가 부울경특별연합의 의회 의원과 집행부의 장은 간선으로 선출하기로 하였습니다. 특별연합의회는 구성된 자치단체 의회가 선임한 지방의회 의원으로 구성하며, 의원 정수는 27명이고, 시도별 의원 정수는 각 9명으로 정했으며, 임기는 2년으로 하였습니다. 그리고 특별연합의 장은 구성된 지방자치단체의 장 중에서 특별연합의회에서 선출하며, 특별연합의 장의 임기는 1년 4개월로 하였습니다.

  이것을 보면서 진정한 지방자치, 아니 지방정부의 시대가 도래하는 것이 아닌가 하는 생각을 갖게 되었습니다. 우리나라에 시행하고 있는 「지방자치법」에 따르면 '지방자치정부'라는 표현은 나오지 않으며 오직 '지방자치단체'라는 표현만이 법률 용어로 제시되어 있습니다.

그런 점에서 중앙정부가 가지고 있던 사무를 위임받아 스스로 결정할 수 있는 권한과 이에 딸린 예산을 자동적으로 확보할 수 있다는 것은 행정 권한의 불균형과 예산 권한의 불균형을 개선하고 자치 권한을 강화하는 획기적인 변화라고 느꼈습니다.

 하지만 '이것이 국토 불균형, 인구 불균형 문제를 해결하는 데 무슨 직접적 관련이 있다는 것이지?'라는 의문도 들었습니다. 오히려 국토 불균형의 문제를 해결하기 위한 방법이라기보다는 중앙정부에 맞설 강력한 지방정부를 만들겠다는 것이 더 세찬 느낌으로 다가왔습니다. 단임제의 대통령이 5년 만에 물러나더라도, 지방자치단체의 수장은 3선 연임을 하면서 12년간 지방정부의 권력자로 지금보다 훨씬 강력한 권력을 누리겠다는 것으로밖에 느껴지지 않았습니다. 정치인들의 권력 놀음에 주민들은 멋도 모르고 덩달아 춤만 추고 있는 꼴이 아닌가 하는 생각이 들었습니다. 물론 지방자치의 강화는 우리가 나아가야 할 길임을 부인할 수는 없지만 말입니다. 여전히 이 의구심은 사라지지 않고 있습니다. 더욱이 광역지방자치단체가 없는 전라북도나 충청북도 그리고 강원도는 이런 초광역권 계획을 수립할 수조차 없는데, 이렇게 되면 또 다른 형태의 역차별이고 격차의 발생이 아닌가 하는 생각이 들었습니다. 국가 불균형의 문제, 인구 소멸의 문제는 부울경보다 광역지방자치단체가 없는 전라북도, 충청북도 그리고 강원도에서 더욱 심각한데 말입니다. 우선순위가 뒤바뀐 것이 아닌가, 또 다른 사원의 불균형 성생이 심화되는 것은 아닌가 하는 생각이 든 것입니다. 하지만 이렇게만 보려고 하지 않겠습니다. 우리는 어쨌든 간에 국토 불균형과 지방 소멸의 위기 극복을 위해 어떤 형태로든 끊임없는 노력을 기울여야 하기 때문입니다.

　2006년 「제주특별자치도 설치 및 국제자유도시 조성을 위한 특별법」이 제정되고 시행됨에 따라 제주도는 특별자치도의 지위를 얻어 다양한 중앙정부의 사무를 이관받았고, 권한을 위임받았으며, 그에 따른 예산을 확보하였습니다. 과거에는 생각할 수도 없던 다양한 지역 발전 사업과 일자리를 창출하여 지속적으로 성장해 오고 있습니다.[15] 이것이 계기가 되어 2022년 5월 29일 「강원특별자치도 설치 등에 관한 특별법안」이 국회 본회의를 통과하면서 우리나라 두 번째의 특별자치도인 강원특별자치도가 탄생하였습니다. 강원도의 환호성이 전국을 메아리쳤습니다. 아직까지는 제주도가 확보한 정도의 사무와 권한 그리고 예산까지 확보하지는 못했지만 지방의 자치 행정을 위한 새로운 획이 그어진 것은 분명합니다. 이런 차원에서 전라북도의 특별자치도 설치를 향한 발걸음도 빨라지고 있습니다. 가칭 「전북·새만금 특별자치도법」(전북·새만금특별자치도 설치 및 새만금 경제자유특별지구

---

15) 양영철 교수께서 발표한 「제주특별자치도 5주년 의미와 과제」라는 발제문에는 4·3실무위원회, 제주특별자치도 실무지원단, 영어교육도시, 혁신도시, 제주특별자치도개발센터(JDC)와 같은 사업 성격의 지원을 비롯해 자치 분권의 확대를 위한 권한 이관과 교육·의료 산업 특구를 지향하는 규제 완화에 이르기까지 상당히 다양한 지원 방안이 이루어졌음을 알리고 있다. 참고: 양영철, '제주특별자치도 5주년 의미와 과제, 기획특집, 제주발전포럼, pp. 2~14, 2011. file:///C:/Users/korea/Downloads/4ee69698b8df4%20(1).pdf

지정 등에 관한 특별법)」이 국회에 발의된 상태입니다. 이러한 특별자치도가 지방정부의 중앙정부에 예속되지 않는 정치적 그리고 행정적 자유 Liberty와 권리 Right를 쟁취하는 일종의 해방 Emancipation이라고 한다면, 저는 아주 긍정적으로 인정하겠습니다. 다만 앞서 언급하였듯이 12년짜리 임기의 지방 수구 세력의 장기 집권과 독점 권력이 되지 않도록 깨어 있는 시민 의식의 결집이 필요합니다. 이런 독점 권력화의 우려 때문에라도 한때 중앙정부-광역지자체-기초지자체로 이루어진 3단계 행정 체계를 중앙정부-준광역형 지자체의 2단계 행정 체계로 바꾸려고 논의한 내용을 기억 속에서 끄집어내 볼까 합니다. 2005년 대한민국 국회는 '지방행정체제개편 특별위원회'를 구성하여 지방행정체제개편에 관한 법률을 제정하려고 시도하였습니다. 개편의 기본 방향으로 내세운 것은 '저비용·고효율을 개선하기 위해 중층구조의 해소, 광역화, 지방자치역량이 강화, 주민의 편익과 참여의 활성화, 지역균형발전을 통한 국가경쟁력 강화'라는 것이었습니다. 구체적으로 광역지방자치단체와 기초지방자치단체를 묶어 전국에 60~70개의 통합광역시로 개편하는 것이었습니다. 물론 이것은 중앙정부 차원에서 중앙 권력을 강화하기 위한 시도로 간주되어 커다란 저항에 직면했고, 결국 아무런 성과 없이 흐지부지되었습니다. 지금의 시점에서 제가 우려한 점을 고려한다면 하나의 대안이 될 수도 있겠다는 생각이 듭니다. 하지만 '될 수도 있겠다.'라는 식의 검증되지 않은 논조는 학자가 함부로 사용해서는 안 된다고 생각하기에, 이야기의 화두 정도로 꺼낼 수는 있을지언정 이늘 섣불리 내세우거나 함부로 수장하지는 않으렵니다. 그것은 무책임한 자세이기 때문입니다. 다만 현실적으로 특별자치도가 가시화되는 상황에서 후속적으로 하위 기초자치단체와의 합리적이고 유기적인 발전 방안을 모색하는 것도 놓쳐서는 안 될 사항이라고 봅니다. 개인적으로 이를 위해 기초지방자치단체가 서로 협력을 통해 '계획자치권역'을 결성하도록 지원하는 방안을 제안해 보고 싶습니다. 마치 독일에서 연방주 정부가 하위의 기초 지방정부들의 자치 행정 권한과 지위는 유지하되 몇 개의 기초 지방정부를 하나의 계획권역으로 엮어 해당 공간에 대한 협력적이고 유기적인 계획이 수립되도록 하는 사례에서 보았듯이 말입니다. 이러한 계획권을 독일에서는 '지역계획권역 *Regionales Plannungsgebiet*'이라고 부릅니다. 그리고 이를 통해 분산적 집중 *Dezentrale Konzentration*의 균형 발전 원리를 적용해 나가고 있습니다.

균형 발전이란 균형 50%, 발전 50%의 나눠 먹기를 요구하는 표현이 아닙니다. 국가의 재원과 자원이 빈약한 시기에는 발전을 앞세우느라 불균형을 감수할 수밖에 없다는 주장이 힘을 얻었습니다. 그리고 균형을 주장하는 것은 불균형 성장 정책에 역행해 성장을 방해하는 주장이라고도 취급받았습니다. 하지만 오늘날과 같이 국민 소득이 높아지고 국가 재정이 튼튼해진 시점에서 균형 발전은 새롭게 해석될 필요가 있습니다. 지금까지 이론적 바탕으로 삼았던 저소득 국가의 불균형에 기반한 발전은 우리에게 맞지 않는다는 것입니다. 선진화된 국가에서 강조하는 '균형을 통한 발전' 모형을 주목할 필요가 있습니다. 상대적으로 넉넉히 확보된 재원과 자원을 활용하여 균형이라는 토대를 만들고, 이를 다양한 형태의 발전 기반으로 삼아 다차원적, 다지역적 발전의 기회로 활용하는 것입니다. 국가가 1위부터 100위까지 소득 계층을 놓고, 2~3위의 소득 계층을 1위의 소득 계층으로 올라서도록 한다고 이것을 소득 계층의 균형 달성이라고 말할 수는 없을 것입니다. 오히려 하위 계층 또는 차상위 계층이 중산층으로 올라서도록 하여 중산층이 두터워질 때 이를 소득 계층의 균형 달성이라고 말할 수 있으며, 넓고 건강한 소비 계층을 형성하여 발전을 촉진시키자는 것입니다. 즉, 50%의 발전이라고 생각했던 비중이 100%, 150% 아니 200%로 계속 늘어나는 논제로섬 게임 *Nonzerosum Game* 이 이루어지는 것입니다. 이는 선진화된 국가에서 균형 발전을 50%의 균형을 요구하다 100%의 발전을 50%로 깎아 먹는 제로섬 게임 *Zerosum Game*이 아니었다는 것을 확인한 결과입니다. 이런 점에서 가장 낙후된 지역, 소득 수준이 가장 낮은 지역 그리고 지방 소멸의 위협이 가장 큰 지역이 두터운 중간층 지역으로 도약할 때 국가의 '균형을 통한 발전'이 더욱 촉진된다고 말할 수 있을 것입니다.

나는 누구인가? Who Am I? Wer bin Ich?
디히트리히 본회퍼 Dietrich Bonhöffer

나는 누구인가?

그들은 종종 내게 말한다.

내가 감방에서 나올 때의 모습은

마치 거대한 성(城)에서 나오는 성주(城主)처럼

의연하고 유쾌하며 당당했다고.

나는 누구인가?

그들은 종종 내게 말한다.

내가 나를 지키는 간수들과 이야기할 때의 모습은

마치 사령관이나 되는 것처럼

자유롭고 유쾌하며 확고했다고.

나는 누구인가?

나는 사람들로부터 이런 이야기를 들어 왔다.

나는 불행한 나날을 보낼 때에도

마치 승리에 익숙한 사람처럼

침착하고 웃음을 잃지 않으며 당당했다고.

정말 나는 그들이 말하는 바로 그 사람인가?

아니면 나는 나 스스로가 알고 있는 바로 그 사람에

불과한가?

마치 새장에 갇힌 새처럼

불안하고 갈망하며 병든 나

마치 누군가가 내 목을 조르는 것처럼

숨을 쉬기 위해 안간힘을 쓰는 나

빛깔, 꽃, 새들의 노래에 굶주리고

친절한 말과 인간적 친밀함에 목마르고

변덕스러운 폭정과 아주 사소한 비방에 분노하여 치를 떨고

근심에 눌리고

결코 일어날 것 같지 않은 엄청난 사건들을 기다리고

두려움에 사로잡혀 아무것도 하지 못하고

먼 곳에 있는 친구들을 걱정하고

지치고 허탈한 채 기도하고 생각하며 행동하고

연약하여 이런 것 모두를 포기할 준비가 된 나

나는 누구인가?

이런 사람인가 아니면 저런 사람인가?

그렇다면 오늘은 이런 사람이고 내일은 저런

사람인가? 아니면 내 안에 그 두 사람이 동시에

존재하는가?

다른 사람들 앞에서는 대단하지만 혼자 있을 때에는

애처롭게 우는 비열한 심약자?

이미 승리한 전투를 앞두고

혼비백산(魂飛魄散)하여 도망치는 패배한 군대,

그것과 나의 내면세계가 다를 바는 무엇이랴?

나는 누구인가? 그들은 이런 고독한 질문들로 나를

조롱(嘲弄)한다.

오 하나님, 내가 누구이든 당신은 나를 아십니다.

당신이 아시듯, 나는 당신의 것입니다.

-1944년 6월, 베를린 감옥에서-

출처: 매리 글래즈너, 『진노의 잔-소설 본회퍼』, p. 516~517

'로프'로
이어진 삶을 살다
한동수 님

고향을
그리워하는 힘으로 사는 삶

천북동 게임, 추억을 건 게임에
참여하시겠습니까
서기현 님

02

도시재생, 우리는 이를
어떻게 바라보아야
할 것인가?

$$1$$

도시재생, 놓치지 말아야 할 근본은?

성경에 보면 솔로몬이라는 왕이 한 아이의 진정한 어머니가 누구인지 찾아 주는 이야기가 나옵니다(열왕기상 3:16~28). 두 여인이 한 지붕 아래 함께 살았습니다. 두 여인은 공교롭게 사흘 간격으로 아들을 낳았습니다. 그런데 어느 날 한 여인이 자기 아들을 압사시키고 맙니다. 그 여인은 자식을 잃을 수 없다는 생각에 사로잡혀 함께 살던 여인의 아들과 자기의 죽은 아들을 몰래 바꿔 놓습니다. 영문도 모르고 아들을 바꿔치기를 당한 여인은 기가 찰 노릇이었습니다. 서로 살아 있는 아이가 내 아이라고 주장하지만 유전자 검사를 할 수도 없던 아주 먼 옛날의 일이니, 친어머니로서는 정말 미치고 팔짝 뛸 노릇이었을 것입니다. 그러다가 지혜로운 왕 솔로몬에게 찾아갑니다. 그다음은 따로 이야기하지 않아도 어떻게 되었는지 잘 아실 겁니다.

이 이야기를 꺼낸 이유는 통계적 가설을 검증하려고 할 때, 즉 옳고 그름을 판단하려고 할 때, 아무 생각 없이 범하기 쉬운 오류가 세 가지 정도 있음을 말하려는 것입니다. 세 가지 오류 중에 1종 오류*Type 1 Error*와 2종 오류*Type 2 Error*가 가장 빈번히 발생되는 잘못된 추론의

114

오류입니다. 즉, 1종 오류는 α-오류라고도 부르는데요, 실제로 변수 간에 관계가 없음에도 있는 것으로 추론하는 잘못된 행위입니다. 2종 오류는 β-오류라고도 부르는데요, 실제 변수 간에 관계가 있음에도 없는 것으로 추론하는 잘못을 말합니다. 즉, 솔로몬의 지혜에 등장하는 두 여인 중에 자신의 아들이 아님에도 자신의 아들이라고 주장하는 여인은 1종 오류를 범한 것입니다. 이에 반하여 2종 오류는 한마디로 맞는 것을 틀린 것으로 판단해 버리는 추론이라고 할 수 있습니다. 즉, 현실을 부정해 버리고 동떨어진 추론을 하는 것이라고 할 수 있습니다. 한 단계만 더 복잡하게 말해 볼까요? 조금 길지만 이렇게 이야기를 던지는 것이 앞으로 전개할 내용에 아주 중요한 논리적 기반이 됩니다.

어떤 정책을 수립할 때 정치인이든 정책가이든 먼저 마음속에 가설(가정)을 설정합니다. '내가 세운 정책은 우리 지역을 발전시키는 효과가 아주 클 거야!' 이런 확신 정도는 있어야 정책이라는 것이 만들어지고, 자신감 있게 예산을 투입하도록 하고, 집행하도록 할 수 있기 때문입니다. 그런데 여기에는 두 가설이 설정될 수 있습니다. 그것을 귀무가설과 대립가설이라고 부릅니다. 귀무가설은 "정책은 지역 발전에 효과가 없다."라는 것이며, 반대 입장을 펴는 분들로부터 들을 수 있는 주장일 것입니다. 이에 대립하는 가설을 대립가설이라고 하는데 "정책은 지역 발전에 효과가 있다."라는 것이지요. 여기서 귀무가설이 참으로 증명되면, 정책을 펼칠 필요도 없고요, 만약에 귀무가설이 기각

되면 우리가 주장하는 대립가설은 충분히 집행해도 되는 것입니다. 그런데 귀무가설이 맞는데(참) 맞지 않는 것(거짓)으로 판정하는 경우를 1종 오류라고 하며, 귀무가설이 맞지 않는데(참), 맞는다(거짓)고 판정하는 경우를 2종 오류라고 합니다. 1종 오류와 2종 오류 중 어느 오류가더 중요하고 심각한 것인지는 의견이 갈리기도 합니다만, 이런 오류는어쨌든 정확한 검증을 거쳐 피해야만 합니다. 그렇지 않고 잘못된 진단으로 엉뚱한 처방을 내리는 경우가 있는데, 이것이 3종 오류에 해당하는 것입니다. 즉, 1종 오류와 2종 오류가 원인 진단과 추론에 초점이 맞춰져 있다면, 3종 오류는 잘못된 진단을 기반으로 잘못된 해결책을 제시한 오류에 해당합니다. 요약하자면 1종 오류는 옳은 귀무가설을 기각하고 틀린 대립가설을 채택하는 것(틀린, 잘못된 정책 채택=채택 오류)이고, 2종 오류는 틀린 귀무가설을 채택하고, 옳은 대립가설을 기각하는 것(옳은 정책을 채택하지 않는 것=기각 오류)이며, 3종 오류는 1종 또는 2종오류에 빠져 정책 문제 자체를 잘못 정의 내리는 것(근본 오류)입니다.

이렇게 이야기를 길게 풀어놓은 데는 이유가 있습니다. 정책과 관련하여 통계적 추론이 잘못되면 현실에 대해 헛다리 짚는 원인 규명을 하게 되고 거짓을 참으로 둔갑시키는 결과를 빚어낸다는 것입니다. 개인이 이런 잘못을 범하는 것조차도 위험한 일인데 하물며 국민을 대상으로 펼치는 정책 결정권자와 행정 집행가가 의도적이든 의도적이지 않든 이런 오류를 범한다면, 이는 마치 조선의 선조 임금 때에'노론과 소론 그리고 동인과 서인'으로 나뉘어 서로 할퀴고 물어뜯는 사이에 왜구는 스무날도 채 되지도 않았는데 한양으로 물밀듯이 쳐들어오고, 왕은 허겁지겁 파천한 것과 같은 꼴을 다시 맞는 것과 비슷할 수 있다는 얘기입니다.[16] 선조는 돌아왔지만 임진왜란이라고 불리는 7년 전쟁 속에 국토는 다 파헤쳐지고 백성은 먹을 것이 없어 흙을 파먹고 사는 처참한 지경을 맞이해야 했습니다.[17]

도시재생을 이야기하려다가 너무 거창한 오류 이야기에, 나라 꼴 이야기까지 해 댔습니다. 제가 괜한 것을 침소봉대하는 2종 오류를 범하고 있는 것이 아닌가 걱정이 들기도 합니다. 하지만 지난 2010년 창원시와 전주시가 우리나라의 대표적 도시재생 테스트베드로 지정되어 사업이 진행된 이래, 우리는 근본적으로 놓치지 말아야 할 것을 놓치고 엉뚱한 것에 너무나 집착하지 않았나, 하나의 그릇에 너무 많은 것을 담으려고 하지는 않았나, 그래서 결국 표적에서 너무 멀리 벗어나지는 않았나 하는 생각이 들어 근본이 무엇이었나 그리고 기본은 무엇이었나 몇 가지를 되짚어 보고자 합니다.

---

16) 김동진, 『임진무쌍 황진』, 교유서가, 2021. 07. 09. 이 책에 등장하는 조선의 통신사 두 명, 황윤길과 김성일은 서인과 동인으로 갈라져 왜침 가능성을 완전히 반대로 보고한다. 여기서 판단의 오류·왜곡이 어떤 처참한 결과를 빚었는지, 그리고 그 뒷수습에 얼마나 처절한 희생의 대가를 치러야 했는지 극명하게 보여 준다. 이렇게 정책 오류는 사회적 파장이 지대하기 때문에 기본 검증은 명확히 하여 미연에 방지할 [ ] 있도록 해야 한다.

17) 이이화, 『허균의 생각』, 교유서가, 2014. 11. 25.

도시재생은 '재생(再生)'이라는 한자 자체를 놓고 보면 '다시 살아남, 다시 살림'이라는 것을 알 수 있습니다. 알파벳 *Regeneration* 도 뜻이 같습니다. 여기서 우리는 '무엇이 살아나야 할지 그리고 무엇을 살려야 하는지' 결정해야 합니다. 이런 살려 낼 '무엇'을 결정해 내면서 다양한 '무엇'이 살아나도록 하는 도시재생을 전개해야 합니다. 노후한 주거지의 재생, 낙후한 산업단지의 재생, 불량한 상업지의 재생 등이 그 무엇입니다. 그런데 이 무엇 중에도 공적 자금을 투입하여 시행하는 재생사업 대상에 우선순위가 있을 겁니다. 사기업 등 민간에서 자금을 투입해 사업 이익을 창출해 낼 수 있는 대상이라면 아마 그것은 민간 기업 중심의 사업에 맡겨도 될 것입니다. 하지만 정부 예산으로 진행되는 사업은 민간의 관심이 거의 없고 공공의 참여가 없이는 회생할 수 없기에 바로 그런 지역과 대상에 공적 자금이 집중적으로 그리고 우선적으로 투입되어야 하지 않을까요? 그것도 단순히 숨만 쉴 수 있게 인공호흡기 뗄 정도만 지원하는 것이 아니라 최소한 소멸 위기라는 병원에서 건강하게 퇴원할 정도가 될 만큼은 지원해 주어야 맞지 않을까요? 저는 첫째로 지역 간 적정 예산의 배분이라는 기본 원칙이 무너졌다고 봅니다. 대도시와 같이 국회의원 수가 더 많은 곳이 더 많은 예산을 확보해 갔습니다. 재생과 관련된 전문가가 더 많고, 인맥이 더 잘 형성되어 사업 계획서를 잘 쓴 지역이 더 큰 예산을 가져갔습니다. 그러다 보니 정작 낙후도와 노후화는 심각한데 전문 인력이 부족해서 제안서 하나 제대로 쓸 수 없는 지역은 공모 사업에 지원조차 하지 못하는 일이 벌어졌습니다. 사업에 당첨된다 하더라도 도시 규모도 작고, 인구 규모도 작아서 큰 예산이 아닌 아주 작은 예산만 받아 올 수 있었습니다. 이렇게 받아 왔는데 조건이 까다롭습니다. 자부담을 해야 하고, 재생을 통해 고치거나 살릴 수 있는 것에 제약도 많았습니다. 그저 여전히 인구 소멸이라는 중환자실에서 몇 명만 인공호흡기를 떼고 일반 병실로 옮겨 간 수준이었습니다. 여전히 병원에서 돌봐 주지 않으면 안 되는 상태였습니다. 재생이 근본적으로 추구해야 했던 균형의 회복은 아직 멀기만 한 상태처럼 보였습니다. 예산 배분의 원칙이 첫 단추부터 잘못 끼워졌기 때문입니다.

그리고 얼마 지나지 않아 중앙부처는 그리고 광역지자체는 도시재생에 대한 평가를 시작합니다. 도시재생뉴딜이 시작된 지 2~3년 만에 전국의 도시재생 활성화 계획 사업지를 일렬로 줄을 세웠습니다.

초록색: 사업 진행 우수

노란색: 사업 진행 평범

빨간색: 사업 진행 부진

중앙부처에서는 5년 임기의 정부에 성과 보고를 해야 할 시점인 3년 차에 다다른 것입니다. 이것은 현장에 있던 기초지자체의 업무 담당자들과 재생활동가에게는 피를 말리는 일이었습니다. 한 가지 사업을 추진하는 데도 수십 명의 주민과 수백 번 끊임없는 협의를 하며, 하나의 합의를 이끌어 내기까지 수십 가지 다른 의견을 듣고, 욕도 얻어먹어 가며 설득해야 하는데, 어느 날 갑자기 결과 보고를 하라는 것이었습니다. 간신히 사람들을 설득하고 나니 '집행률'을 맞추기 위해 속사포로 또 뭔가를 해 대기 시작합니다. '집행률'의 기준은 얼마나 예산을 집행했는가를 보는 것이었습니다. 예산을 많이 집행했다는 것은 그만큼 사업을 많이 진행했다는 일이었기 때문입니다. 집행률이 부진한 기초지자체의 담당자들은 병가를 내고 숨어 버리거나 기회만 되면 다른 업무로 빠져나가기 바빴습니다. 주민 역량 강화가 주된 업무인 재생지원센터의 현장활동가들에게 오히려 불똥이 떨어집니다. 어디 다른 곳으로 전출이라도 갈 수 있는 기초지자체 공무원이 부러울 따름입니다. 재생은 '살리는 것'이었는데, 겪고 보니 '닦달하는 것'처럼 느껴졌습니다. 보여 주기식, 성과 내기식 정책으로 뒤바뀌어 버렸습니다. 기본을 놓친 것입니다. 중앙정부에 재생기구를 만들 때, 어떻게 하면 지방과 현장에서 재생사업을 진행하며 겪는 고충과 민원의 해소 방안을 마련할까를 고민하며 지원 기구로 만들었을 텐데, 실제는 상명하복식의 감시 감독 기구가 되어 버린 것입니다. 재생을 위한 쌍방향식 행정 집행의 원칙이 일그러져 버린 것입니다. 이때부터 얼마나 충실하게 얼마나 정확하게 재생을 추진하는가는 전혀 중요치 않게 됩니다. 그저 기초지방자치단체의 모든 관심은 '초록색: 사업 진행 우수'로 칸을 갈아타기 위해 피 말리는 전쟁을 벌이는 것입니다. 아니, '노란색: 평범'에라도 들어야 하는데 그렇지 못하고 후미에 위치한 현장지원센터는 죽을 맛입니다. 재생은 경쟁이 아닌데, 그리고 뒷줄에 서도 되는데, 아니 뒷줄 앞줄이 없는데, 뒷줄에 서는 것에 현장활동가들은 큰 죄인이 된 듯한 느낌을 받습니다. 애초부터 경쟁을 잘할 수 있었더라면 누군가 말했듯이 "치사하게 이 쥐꼬리만 한 재생사업비 받지도 않았고 이런 사업을 하지도 않았을 거다."라는 겁니다.

아는 체 모르는 체

　이렇게 일이 지지부진해 보이는 듯하면 꼭 훈수 두는 분들이 나타납니다. 사실 실제 일 자체가 주민 간 갈등의 소지를 안고 있어서 지지부진한 경우도 있습니다만, 경우에 따라서는 주민들 중에 자기주장을 너무 세게 관철시키려는 소수의 몇 분 때문에 일이 지지부진한 경우도 있습니다. 이분들은 누구의 말도 들으려 하지 않습니다. 이들의 관심은 이웃 모두이거나 마을 전체를 위하는 척하지만 결국은 '자기'입니다. 우격다짐으로 우겨 대거나 온갖 말도 안 되는 논리를 만들어 지금까지 주민들이 잘 만들어 놓은 계획을 바꿔야 한다고 주장합니다. 사실 자기 욕심을 더 많이 차리려는 꿍꿍이속이 뻔히 들여다보이는데 말입니다. 그렇다고 재생사업을 진행하면서 드러내 놓고 화를 낼 수도 없습니다. 이분들을 설득하기는 하늘에서 별 따기만큼 어렵습니다. 이때부터 일의 진행은 미궁에 빠집니다. 일을 조금이라도 순조롭게 풀어 가려면 이분들과 이미 오랜 교감을 가진 분을 찾아 마음을 다시 얻어 보아야 합니다. 하지만 이마저도 쉽지 않습니다. 그래서 결국 외부로부터의 도움이 필요합니다. 광역지자체의 재생지원단으로부터 그리고 때로는 언론을 통해 재생정책이 어떤 것이고 어떻게 하는 것인지 명확히 주지시켜 드려야 합니다. 바람직하다고는 볼 수 없으나 부정하거나 부당한 행동에 대해서는 마지막 수단으로 제재 방식을 취하는 것도 필요할 수 있습니다. 다만 이는 위기 상황에만 해당합니다. 그런데 이런 상황이 자주 발생합니다. 이런 것에 대해 속으

모르고 갑자기 '집행률' 운운하며, 상위 기관에서 도시재생지원센터를 평가하겠다고 공문을 내려보냅니다. 아니, 도시재생지원센터가 지출하는 예산은 전체 도시재생 사업비의 1/100, 1/50 정도밖에 되지 않는데 말입니다. 공문은 거의 대부분의 예산을 집행하는 기초지자체로 가야 하는 것이 아닌가 하는 생각도 듭니다. 상위 기관은 발생하고 있는 근본적인 문제가 무엇인지 파악하고, 이를 어떻게 해결해 줄지 대안을 찾아 주어야 하는데, 그것에는 관심이 없습니다. 오직 집행률입니다. 그러다가 엉뚱하게 불난 집에 부채질을 합니다. 갑자기 상위 기관의 담당자라고 하는 사람이 나타나서 "이 계획은 어떻고 저 계획은 어떠니 이렇게 바꾸세요~"라고 기초지방자치단체의 담당자에게 명령을 내리고 갑니다. 지난 몇 년간 주민들과 어렵게 합의하여 만들어 놓은 계획을 하루아침에 헌신짝 내다 버리듯 바꿔 버리라는 것입니다. 본인이 이 동네 출신이니, 본인이 담당 ○장이니 하면서 불을 지르고 갑니다. 도시재생센터의 장과 현장활동가들은 전문가로서 현장에서 하고 싶은 말은 수도 없이 많지만, 몰라서 말하지 않은 것이 아닙니다. 알고 있어도 주민이 중심이 되고 주민이 주도하는 계획을 실현하기 위해서 참고 또 모르는 체하고 주민을 존중한 것입니다. 그런데, 어느 날 갑자기 전문가인 양 나타나서 그동안 애써 빚어 놓은 화합의 사기그릇을 한 방에 박살 내고 가 버립니다. '아~ 이 아무 책임 없는 훈수.' 현장의 고통이 그렇게 심했어도, 그것을 극복하기까지 지난한 과정을 온몸으로 다 겪어 왔고, 모든 것을 못 본 척, 모르는 척하고 이제 작지만 하나씩 열매를 맺어 가고 있는 사람이 있는데 말입니다. 이제 현장의 재생활동가가 그렇게 쉽게 한마디 툭 던지는 '당신'에게 질문을 던져 보려고 합니다.

"당신에게 나는 무엇입니까?"

로마가 하루아침에 만들어지지 않았듯이 도시재생도 하루아침에 마을을, 도시를 변화시킬 수 없습니다. 로마의 완성을 집행률로 평가할 수 없습니다. 도시재생을 하면서 정말 놓치지 말아야 할 것이 있는데, 그것은 바로 '사람'입니다. 재생이라는 단어가 다시 살리는 것이라고 적었는데, 그렇게 다시 살아나야 할 것은 공간이나 건물을 넘어 지역에 살고 계신 분들이고, 지역에 들어온 분들이고, 앞으로 지역에 들어와서 정착하며 활동해야 할 분들이기 때문입니다. 처음에 재생사업은 현장 속 '주민'에게 주목했습니다. 저는 재생에 '사업'을 붙여서 부르는 것을 몹시 싫어했습니다. '사업'을 붙여서 말했기 때문에 중앙정부는 사업을 하라고 예산을 내려 준 것이라 온통 관심을 '집행률'에 쏟았던 것이고, 광역지방자치단체의 공무원도 재생보다는 온통 '사업'에 관심을 보이며 '집행률'에 목숨을 걸었던 것입니다. 목소리가 큰 일부 주민은 또 다른 동상이몽에 빠져 있었습니다. 정부가 예산을 마련한 '사업'이니 재생보다는 그 '사업비'에 더 관심이 컸습니다. 여기서 집행률은 딴 세상의 일이 되어 버립니다. 저는 조금이라도 제 말에 귀를 기울여 주시는 지역 주민들이나 마을 위원장님 그리고 이상님을 뵐 때면 '사업'이라는 말은 머릿속에서 완전히 지워 버리면 좋겠다고 말씀드리곤 하였습니다. 저희 기초재생센터나 현장지원센터의 활동가들에게도 '사업'이라는 단어는 어떻게 해서든 입 밖에도 내지 말라고 신신당부했습니다. 공문서에도 가급적 피하라고 말했습니다. 그렇게 해도 사람들의 마음속에는 여전히 돈이 돌아다니는 '사업'이 눈앞에 아른거립니다. 재생은 뚝딱이 사업이 아닙니다. 가장 기본적이고 근본적인 목적은 '재생'을 통해 우리 자신을 그리고 나아가 우리 마을을 '재생'시키는 것이지, '사업'을 통해 내가 이익을 챙기는 것이 아니기 때문입니다. 이 기본과 근본을 놓치는 순간 수많은 '나' 사이에서 반목과 갈등이 끊이지 않게 됩니다. 재생센터의 재생활동가들도 그분들의 눈에는 내 욕구를 가로막는 가시 같은 존재처럼 보이게 됩니다.

백 가지 기교보다 한 가지 기본이 중요합니다. 재생이 중앙정부가 일방적으로 추진하고 집행하는 하향식 사업이었다면 그냥 예전처럼 그렇게 진행하면 됩니다. 하지만 이것이 주민과 함께, 그리고 때로는 주민 주도로 하는 협정(協定)과 같은 행태를 취하고 있다면 중앙정부의 역할, 지방정부의 역할은 완전히 달라집니다. 미리부터 주민 스스로가 법적 구속력을 갖춘 마을 규약이나 마을 주민을 중심으로 재생추진위원회의 정관을 제정하도록 돕는 것입니다. 물론 이런 법규나 조항이 마을에서까지 만들어지는 것은 그렇게 바람직하지 않습니다. 법이란 가장 마지막 집행 수단이요, 규제 수단이기 때문이니까요. 다만 이런 자체적 원칙에 충실하여 이를 스스로 지켜 나가도록 하면 원칙에 충실한 재생 역량을 키워 낼 수 있습니다. 스스로 공적 계획을 수립할 수 있으며, 공적 자금이 제대로 쓰이도록 역량을 키울 수 있으며, 이를 통해 공적 가치가 마을 주민의 마음속에 제대로 자리 잡을 수 있습니다. 이 한 가지 분명한 원칙, '주민의 재생 역량을 세워 나가는 것'은 중앙정부나 지방정부나 현장의 도시재생지원센터가 가장 심혈을 기울여야 할 일입니다.

2

너무 작은 재생의 가지만을
붙들고 있는 것은 아닐까?

계획에는 위계가 있습니다. 상위 계획에서 하위 계획까지 체계적으로 유기적으로 짜여 있습니다. 마치 중앙정부에서 최하위 읍·면·동 사무소에 이르기까지 행정 조직이 짜여 있는 것처럼, 국토 계획에서부터 도시 계획을 넘어 지구 단위 계획에 이르기까지 촘촘한 계획수립 체계가 갖추어져 있습니다. 그런데 이상하게 도시재생은 이런 체계가 없습니다. 물론 해를 거듭할수록 재생 정책과 전략이 치밀해져 왔습니다. 재생 방식도 재생 대상도 다양해졌습니다. 하지만 재생에서 여전히 놓치고 있는 것이 있었습니다. 먼저는 재생의 위계가 없다 보니 너무 잘게 조각조각 뜯어 놓은 것만 보였습니다. 큰 원칙을 제시해 줄 광역적 차원에서 공동의 문화, 공동의 역사 그리고 공동의 자연환경을 배경으로 형성되어 온 공동체의 특징과 정체성을 회복하고 유지하기 위한 큰 그림과 원칙이 제시되지 못했습니다. 단순히 마을 단위로, 주거지 단위로, 담장 개선, 마을 길 개선 등 주거지 개선 사업과 같이 비슷비슷한 사업만 수없이 열거되었습니다. 이렇다 보니 결국 사업 하나만 끝나면 도시재생이란 정책은 눈에 띄는 효과가 별로 없는 사업이라는 인식만 남겨 놓았고, 지속할 필요성도 별로 느끼지 못하게 하는 인식만 남겨 놓게 되었습니다. 결국 작은 동네 동네의 회복은 어느 정도 이루어졌는지 모르겠지만 역사적 공동 의식을 갖고 있는 권역 내에서 모든 주민이 함께 살아가는 공동체 발전 의식과 자부심을 창출하는 데는 기여한 바가 없게 되었습니다. 유럽에서 중세 이후부터 산업의 중심으로 존재해 왔던 탄광 지역이 지역재생을 거치며 하나의 유네스코 세계 문화유산 폐광 지역 *Abandoned Mine Region of Unesco World Culture Heritage*으로 재생되기까지 커다란 변화를 맞이한 것과 대조되는 결과였습니다. 이런 큰 그림을 그리지 못하고 재생 정책이 끝나 버리는 것 같아 한스럽기까지 합니다. 이런 위계적 체계와 더불어 부처 간 연계도 제대로 이루어지지 못했습니다. 부처 간에 쳐진 장벽으로 국토부는 도시화 지역에 국한된 재생사업에, 농림부는 농산촌 지역에 그리고 해수부는 어촌 지역에서 비슷비슷한 사업을 따로따로 하고 있었습니다. 서로 땅따먹기식으로 사업을 벌이는 것처럼 느껴졌습니다. 그러면 광역지방자치단체의 부서도 해당 부처에 따라 각기 따로 움직입니다. 칸막이에 막혀 부서 간 업무 공유가 이루어지지 않습니다. 서로 무슨 일을 하는지 관심을 가질 겨를도 없습니다. 이런 상태에서 어촌 도시에서 어촌 재생이 이루어질 경우, 바다를 매개체로 하나의 생활권을 형성해 온 여러 도시가 함께 재생 계획의 틀속에서 세부적인 계획을 짜야 맞지만, 해수부 따로, 국토부 따로, 그것도 비슷한 성격의 재생사업을 칸막이로 막고 오물쪼물 진행해 버립니다. 이렇게 되다 보니 사업비는 찢어지고, 사업 규모도 자잘해질 수밖에 없었습니다. 어민의 삶터와 어업이라는 전통 산업을 기반으로 문화유산을 재생할 기회가 있어도 문체부나 산자부는 개입할 여지가 없었습니다. 만약 먼저 큰 그림을 그릴 수만 있었다면 세부적인 재생 작업에 어느 부처가 어떻게 기여할지 퍼즐을 맞추듯이 모든 조각을 잘 맞춰서 끼워 넣을 수 있을 텐데, 재생사업 시작부터 "아, 사업의 'ㅅ' 자도 꺼내지 말아야 한다고 나 스스로에게도 신신당부했는데…." 라고 하며 이런 꿈은 헛것이 되었습니다.

하지만 그렇다고 이미 끝나 버렸다고 말하고 싶지 않습니다. 언제든지 우리는 정책을 전환해 방향을 바로잡을 수 있습니다. 중앙정부든 지방정부든 뜻만 있다면 정말 좋은 정책을 그냥 묻어 버리기보다 다시 제대로 방향을 잡고 다시 시작해서 우리의 지역 문화, 지역 역사 그리고 지역의 자연환경이 세계 문화유산으로 재생되도록 알차게 추진할 수 있습니다. 재생이란 무슨 사업 하나를 끝내 버리는 것에 초점이 맞춰져 있지 않습니다. 계속해서 무엇을 어떻게 더 알차게 이루어 내 갈까에 초점이 맞춰져 있다고 봅니다.

그리고 이런 역할을 할 인재로 이미 전국에 수없이 많이 양성되어 있는 재생활동가가 있습니다. 사실 '사업'에 눈을 돌린 동안 아무도 이들을 주목하지 않았습니다. 이 책의 제목도 원래는 '*아무도 주목하지 않은, 그러나 꼭 주목받아야 할…*.'이라고 붙이고 싶었습니다. 왜냐하면 그들만큼 재생에 마음을 쏟고, 재생을 잘 이해하며, 재생의 현장을 누빈 사람들이 없기 때문입니다. 하지만 그들은 주목받지 못했습니다. 그냥 국가의 정책을 위해 그리고 재생사업을 위해 사용된 도구처럼 보였습니다. 어느 재생센터에서는 고용 계약을 12개월 단위로 하지도 않았습니다. 사대 보험을 들어 줘야 한다는 이유로, 고용을 보장해야 한다는 이유로, 아니 그만한 예산이 없다는 핑계로 11개월 동안 일하고 나면 무임금 무노동으로 한 달 쉬고 나서 다시 11개월짜리 계약을 맺었습니다. 그리고 잘해야 3~4년짜리 재생사업이 지속되는 동안 고용된 '임차용 물건(Lease Items)'과 같이 대접을 받았습니다. 젊음을 바쳐 일했건만, 주민을 만나고 주민 회의니 역량 강화 교육이니 하는 것을 수행하기 위해 기획을 하고, 주민들이 퇴근하고 돌아오는 저녁 여섯 시부터 다시 바빠지고, 여덟 시, 아홉 시가 돼서야 퇴근이 가능했지만 아무도 알아주지 않았습니다. 주민에게는 틈만 나면 한마디 듣고, 지방 공무원들에게도 한마디 듣고, 첫 직장치고는 참으로 가혹한 곳이었습니다. 그리고 사업이 마무리되어 갈 무렵이면 그들은 아무런 미래에 대한 보장도 없어 다시 새로운 길을 찾아 떠나야 했습니다. 사실 이들은 그렇게 떠나야 할 존재가 아닙니다. 제가 도시재생을 진행하면서 느꼈던 그들은 마을의 '새로운 젊은 주민'이었습니다. 쉽게 말해 '젊은 피'였습니다. 대도시가 아닌 작은 마을로 들어온 그 마을의 미래 주인이었습니다. 나이 든 주민들이 돌아가시면 그 마을을 이끌어 갈 수도 있는 보배들이었습니다. 일하는 것을 봐도 얼마나 창의적으로 일하는지, 마을 주민들이 할 수 없는, 지방 공무원이 할 수 없는 일을 척척 해냈습니다. 이들이 없이 그저 공무원에게 맡겨 놓앉다면 재생은 이미 오래전에 물 건너갔을지도 모릅니다. 이들은 현장에 몸을 담근, 현장을 이해한, 현장 속의 재생전문가들이었습니다. 그렇기 때문에 이들은 재생 그 이상을 꿈꾸어도 될 만한 인재들이었습니다. 제가 함께하자고 시골 도시로 불러들인 한 팀장에게 이런 이야기를 물은 적이 있습니다. "○○○ 팀장님, 조경학과 출신이잖아요. 만약에 도시재생이 끝나고 지방정부가 농촌 마을에 청년 창업 농장을 만들어서 ○○○ 팀장님에게 청년들을 이끌고 팀을 이루어 ○○○ 농촌 마을로 들어가서 농촌 마을과 주민을 지켜 주는 마을 관리사이자 6차 산업을 선도하는 청년 창업 농장주가 되도록 하면 그런 역할을 맡아 볼 의향이 있나요?" 이 말이 떨어지기 무섭게 ○○○ 팀장은 "센터장님, 그것이 제 꿈입니다. 그런 기회가 주어진다면 정말 멋지게 일해 보고 싶습니다. 그리고 일할 수 있습니다."라고 답했습니다. 이 말은 여전히 제 가슴속에 남아 있습니다. 제 눈에는 현장에 들어와 젊음을 바친 그 젊은이들이 현장을 제일 잘 이해하고 현장을 변화시킬 수 있는 전문가요, 활동가로 보입니다. 그래서 이 책을 통해 이런 대화를 소개하면서 많은 정책결정가가 이를 읽고, 자극을 받고, 이에 대한 정책을 만들어 내도록 영향을 끼치고 싶었습니다. 저는 권력을 쥐고 있는 수많은 정책결정가와 정책집행가에게 묻습니다.

"당신에게 나는 무엇입니까?"

3

무작정 달려온 도시재생,
다시 붙잡아야 할 기초는?

2006년 이래 도시재생은 뒤돌아볼 틈도 없이 앞만 보고 달려왔습니다. 세상이 조금만 바뀌어도 정책이 완전히 바뀌어 버리는 경우가 허다했는데, 도시재생은 여러 차례의 정권 교체에도 백년대계의 정책처럼 지역 주민과 호흡하며, 지역 발전을 위해 달려왔습니다. 물론 때로는 주민들의 의견이 제대로 반영되지 못하기도 했고, 경쟁 지역에 밀려서 재생 공모 사업에 선정되지도 못했습니다. 그렇더라도 재생은 모두에게 작지 않은 희망이었습니다. 이러한 의미 때문에 현장을 누비던 재생활동가들은 주민과 함께 어려운 일, 궂은일을 마다하지 않았습니다. 그런 재생에 대해 새로운 정부는 다른 정책적 지향성을 보이면서 관심을 줄여 가고 있습니다. 이 책을 쓰면서 언론에 보도된 새로운 정부의 재생 정책 기사를 읽는데, 참담한 마음이 들었습니다. 앞서 말한 백년대계의 정책이란 존재하지 않는 것 같습니다. 물론, 영원히 존재하기를 바라는 것은 말도 안 된다고 할 수 있겠죠. 그런데 정책 변화는 그렇다 치더라도 그 과정에서 왜 힘없는 국민은 희생양처럼 되어야 하느냐는 것입니다. 정책이 바뀌더라도 그 일에 종사했던 국민이 다시 조금 다르지만 비슷한 일자리로 전업을 할 수 있는 안전 장치를 만드는 방법은 없을까요? 독일에서 있던 일이라고 들었습니다. 1970년대라고 하더군요. 석유 가격이 석탄보다 싸서 수많은 광산이 폐광되는 상황에 빠졌답니다. 수많은 광산 노동자가 일자리를 잃게 되었죠. 정부는 이들에게 어떻게 하면 일자리를 다시 만들어 줄 수 있을까 큰 고민에 빠졌다는 것입니다. 그리고 찾아낸 것이 도시마다 지하철 공사를 하는 것이었고, 이들을 터널 작업에 경험 많은 전문 노동력으로 투입하는 것이었답니다. 대체 인력이 된 것이지요. 1980년대와 1990년대 독일에서는 동·서독 통일, 유럽연합의 탄생, 유로화의 등장과 같은 사회적 격변을 맞게 되었습니다. 기업은 살아남기 위해 기업 합병과 구조 조정을 끊임없이 단행할 수밖에 없었습니다. 광산업은 또다시 위기에 빠지게 되었습니다. 저는 이때 처음으로 기업 구조 조정 *Unternehmensumstrukturierung*이라는 단어를 들었습니다. '운터네멘스움슈트룩투리어룽', 독일어 한 단어가 참 길~기도 합니다. 처음 독일어를 배울 때는 너무나 생소하고 어려웠습니다. 그런데 익숙해지니까 별것 아니더라고요. 하여간 다시 본론으로 돌아가서 그 기업 구조 조정은 인원 감축에만 초점을 맞춘 것이 아니었습니다. 이보다는 직업 재교육을 통해 새로운 분야로 인력이 재배치될 수 있도록 돕는 것에 더 큰 의미를 두었습니다. 새로운 사업 분야로 전환하는 과정에서 직업 재교육을 통해 수용할 수 있는 경제 활동 인구는 최대한 수용할 수 있는 방안을 마련한 것입니다. 급격한 퇴직자의 양산을 피하기 위하여 전체 근로자들과 협상하여 임금 피크제와 임금 상한제 등의 제도를 도입하는 방안을 마련하였으며, 지방정부는 해당 지역의 침체를 극복하기 위하여 석탄 채광 시설과 해당 사업장을 역사·문화 자원으로 재정비하여 보전하며, 새로운 먹거리, 일거리 자원이 되게 하였습니다. 나아가 미래의 기술 진보에 따른 재활용 및 개발의 가능성을 염두에 두고 유지·보전하도록 하였습니다. 이러한 사항은 전체 유럽연합의 소속 국가에 공통적으로 해당하는 사항이기도 하였기에 유럽연합 정부도 새로운 차원에서의 협약을 통한 탄광 지역의 구조 조정과 지역 재생을 위한 보조적 지원을 아끼지 않았습니다. 이러한 정책 협력을 바탕으로 독일의 에센시에 본사를 둔 독일 석탄 주식회사(RAG AG)는 2020년 현재 세계 최대의 전력 공급 에너지 중화학 기업으로 우뚝 서게 되었습니다. 최고의 직업 재교육과 재고용률을 자랑하면서 말입니다.

이처럼 우리나라에서도 도시재생에 종사한 현장활동가를 새로운 전문 인력으로 활용할 계획을 수립할 수 없을까요? 중앙정부가 하지 못한다면 광역지방자치단체가 주도적 역할을 하면서 새로운 모델을 만들어 갈 수는 없을까요? 현장활동가들은 우리가 놓치지 말아야 할 지역 혁신을 위한 숨은 보배입니다. 그들이 지역에 잘 정착할 수 있도록 돕고, 그들을 중심으로 더 많은 젊은이가 함께 모여 활동할 수 있는 판을 깔아 준다면 지역은 살아날 것입니다. 그 한 사례를 전라북도의 지방 중소 도시인 군산시에서 SK E&S가 수행하는 프로젝트 '로컬라이즈 군산'에서 발견할 수 있었습니다. 지역이라는 'Local'과 떠오른다는 'Sunrise'를 합쳐 만든 용어로 한때 자동차·조선 중심 산업 도시였다가 최근 경제가 위축된 전북 군산시를 재생시키기 위해 SK E&S가 지난 2019년 초부터 전개해 온 프로젝트입니다. 구도심인 영화동 일대를 전북의 문화·관광 중심지로 발돋움시키고 지역 일자리 창출을 통해 도시에 새로운 활력을 불어넣겠다는 목표를 가지고 민간 기업이 벌여 놓은 일입니다. 스물세 개의 서로 다른 이종의 청년 창업 팀을 선발해 말도 안 될 것 같은 사회적 재생을 이루어 가려는 계획이 었습니다. 지원 기간을 3년이라고 못 박았지만 그것은 3년에 그치지 않았습니다. 군산시가 큰 관심을 가지고 끼어들었으며, 청년들이 뭉텅이로 모여 일을 벌이자 이것이 하나의 공동체가 되어 커다란 시너지 효과를 내기 시작했습니다. 지난 2022년 6월 전라북도 인수위원으로 소셜벤처를 운영하는 청년 창업가들을 만나 보면서 분명한 확신이 들었습니다. '한두 명 또는 한두 팀만으로는 마을을 변화시키고, 도시를 변화시키는 효과가 크지 않지만, 수십 명 뭉텅이로 묶어서 활동할 수 있는 기반을 만들어 주면 상상 그 이상의 효과가 나타나겠구나.' 하는 생각을 하게 되었습니다. 무엇을 해내라, 어떻게 해내라 요구하지 않고, 큰 틀의 원칙만을 제시해 주고, 스스로 끼와 꾀를 잘 발휘할 수 있도록 사업 출발에 필요한 기반을 갖추어 준다면 4~5년 뒤에는 이들이 뭉쳐서 그 지역을 뒤엎어 버리는 중심체가 될 수 있을 거라는 희망을 발견했습니다. 군산에서 만난 그 청년들은, 아니 벌써 수억, 수십억 매출을 달성한 청년 기업가들은 지역에 정착하며 지역의 한계를 넘는 더 큰 도약을 준비하고 있었습니다. 세상은 크게 주목하고 있지 않지만 가서 만나 본 느낌은 무궁무진한 가능성의 발견이었습니다. 군산시는 이들이 잘돼서 다른 곳으로 떠날까 봐 전전긍긍하는 눈치였습니다. 이런 방식을 응용하여 서로가 엮일 수 있도록 지방정부가 혁신도시의 공공 기관과 연계하거나 민간 기업과 연계하여 지방도시 재생 프로젝트를 만들어 낸다면 지방 재생은 정부의 걱정거리에서 자랑거리로 바뀔 수 있다는 기대를 갖게 되었습니다. 청년들이 마음껏 '끼와 꾀'를 펼칠 수 있는 다양한 분야의 소셜벤처를 엮어서 지원하는 정책은 단순히 재생 '사업' 하나만 잘하는 것에 그치지 않을 것이라고 봅니다. 오히려 우리나라의 지역 혁신을, 그리고 농촌 혁신을 청년이 정착하며 이루어 내는 새로운 돌파구가 아닐까 생각하게 됩니다.

20세기 말엽 UN의 세계 문화유산 등재라는 이슈가 터지면서 '탈춤'이니 '강강술래'니 하는 서민의 문화와 역사가 희소성의 가치 때문에 문화재로 등재되고 보존되기에 이르렀습니다. 하지만 문제는 지금 이러한 무형 문화재를 계승할 만한 인재들이 사라져 가고 있다는 것입니다. 아무리 지방에서 재생사업을 잘 진행하더라도 지금 70~80대를 살고 계신 주민들을 이어서 새롭게 마을을 변화시킬 젊은 인재들이 마을로 들어오지 않는다면 재생의 의미도 완전히 희석되어 버릴 수 있습니다. 그렇기에 재생센터에서 활동한 젊은 활동가들이 마을에서 주름잡고 살 수 있도록 그리고 마을을 살릴 역동적 인재가 되도록 지원해 주어야 합니다. 이런 관점에서 뒷장에 전라북도 도지사 인수위원회에서 재생 정책을 점검하며 도시재생 중간 조직을 위해 작성하였던 정책 방향을 제시한 자료를 기록으로 실어 봅니다.

제안 분과	전북새만금 도시교통분과	제안자	황○욱(분과장, 전북대), 송○기(위원, 군산대), 심○민(간사, 전주비전대)
제안 분야	전북형 도시재생 지원체계·방식의 혁신적 전환		
정책 제안명	도시재생 지원체계 정비와 중간지원조직체 활성화		
제안 배경	○ 기초지자체의 도시재생 중간조직은 한시조직으로 불안정한 고용구조와 업무형 태를 띠며, 지방일수록 구인난에 빠지고, 근무 연수가 1년 정도(평균) 미만인 빈번한 이직으로, 근로 안정성이 현저히 떨어짐 ○ 무엇보다 기초센터가 담당하는 현장의 도시재생은 대민 접촉업무라는 특성으 로 청년활동가의 사회적 갈등에 노출되는 빈도가 심각히 높으며, 업무피로도의 누적이 지속되는 경향이 강함 ○ 이에 따라 시간이 지날수록 중간조직의 이탈이 커지고 기피업종이라는 인식에 도시재생 사업 자체의 안정적 추진이 어려운 상황임		
제안 내용 1.	○ 책임을 가지고 재생사업을 진행하도록 다양한 형태의 '기초센터와 현장센터'라 는 중간조직 모델 구축과 제도적 장치 마련이 시급 ○ 도시재생지원센터의 센터장에게는 국토부 지침에 준한 지위를 기반으로 하나, 행정에 전문적 정책방향을 제시하고, 둘, 행정의 담당과장은 이를 기반으로 시·군의 행정을 지원하는 체계구축이 필요 – 도청(도시재생)이 위계적 행위의 집행/감독기구가 아닌 각 도센터를 통하여 기 초센터 및 현장센터의 어려움을 파악하고 전문인력 파견의 직할조직체계를 포 함한 행정, 제도, 재정 지원기능 재정립 – 기초센터나 현장센터의 다양한 위수탁 모델[(① 무주의 농촌협약형 민간위탁 모델/② 고창의 대학위탁형 모델/③ 도재생센터 직원파견형 운영모델/④전북 연구원의 연구원 파견을 통한 모델/⑤ (기초)지자체의 재단형태에 소속된 복합 전문인력형 모델 등]을 분석하여 고용안정과 최적의 책임감을 도모하는 대안 도출과 제시 – 재생용역 피발주 전문업체가 재생사업 진행에 이르기까지 일괄적으로 감당하 며, 재생사업을 책임지는 ① 또는 ②, ③의 (민간)위탁 재생센터 모델도 구축		

제안 내용 2.	○ 광역지자체의 도시재생 통합행정운영조직 구축 - 국토부(도시재생), 농림부(농촌중심지활성화사업), 해수부(어촌어항재생)과 같이 유사한 사업유형을 갖고 있으나 관할대상의 장소만 다른 이유로 소관부처마다 분리되어 있는 재생사업에 대해 시너지효과를 극대화할 수 있는 통합관리형 행정조직 모델 구축(예: 재생기획단)과 제도적 장치 마련이 시급 - 실질적 사업진행을 책임지고 담당할 기구(예: 전북개발공사를 통한 책임 부여)의 지정과 이에 대한 지원방안 모색
기대 효과 및 활용 방안	○ 불안정한 청년 일자리를 안정화시키고 도시재생사업을 책임감 있게 끌고 갈 전북형 중간지원조직 모델의 구축 ○ 대안적 중간조직모델 완성으로 일자리가 안정화될 때 우수인력의 고용창출 가능 - 현재 연봉은 직급에 따라 초임 2000만 원 중후반에서 팀장 4000만 원 초반선으로 나타나고 있어 여타 기업에 비하여 고용경쟁력이 떨어지고, 불완전한 고용구조(1~2년 근무 후 이직)로 직업안정성이 낮아 지속적 개선과 대안 고용모델이 시급 ○ 실행방안은 피고용인의 고용조건 및 기준에 청년신규채용 가점확대와 동일, 유사 분야 이직(예: 청년농촌관리사+청년농장주 제도 도입 등)시 채용가점을 강화할 때 청년층 피고용의 불안정과 악순환 감소, 해소를 도모할 수 있으리라 사료됨 ○ 다만, 이번 정부에서 도시재생사업의 추진과 진행에 대한 정책이 아직 명확히 예측되지 않아 다양한 대안형 체계(예: 재단 소속 복합전문지원인력체계와 청년농촌관리사 제도 등)를 갖출 필요가 있음

4

도시재생, 새로운 길은?

2006년 도시재생사업단이 만들어져 우리나라에서 도시재생이 이루어져 온 지 벌써 15년이 지났습니다. 2010년경부터는 도시재생 테스트베드라고 부르면서 창원과 전주를 선정하여 우리나라 전역으로 확산시킬 재생의 모형을 제시해 보이기도 했습니다. 그리고 문재인 정부에 들어서는 도시재생에 '뉴딜(New Deal)'이 붙기 시작하면서 2018년 100곳이었던 재생사업지는 2022년에 전국에 401곳으로 확대되었고, 예산만 50조 원이 넘는 사업으로 확대되었습니다. 제2차 세계 대전에 이어 미국에서 발생한 대공황을 이겨 내기 위해 프랭클린 루스벨트 대통령이 공공사업을 통해 경제 부흥을 이끌어 냈던 것을 정책적 모델로 삼아 한국형 도시재생 뉴딜 정책을 만들어 낸 것이었습니다. 하지만 그렇게 달려온 재생이 지금 새롭게 갈 길을 찾아 헤매고 있습니다. 정권이 바뀌면서 막대한 공적 자금이 투여된 것에 대한 심각한 비판에 직면해 있기도 합니다. 저는 이런 비판이 건전하고 세밀한 조정을 위한 비판이길 바랍니다. 그렇다면 재생의 새로운 길이 찾아질 수 있다고 봅니다. 하지만 그냥 끝장내 버리겠다는 식의 비난으로 이어진다면 모든 것은 죽도 밥도 아닌 상태로 회귀할 수 있습니다. 더 뼈아픈 것은 그렇게 정부가 만들어 놓은 정책에 청춘을 다 바친 젊은이들이 길을 잃어버린다는 것입니다.

저는 재생의 새로운 길을 찾고 싶습니다. 재생이 지역에서 자생적 일자리를 창출하는 것과 연동하고자 했다는 점에서 청년들을 더 모아 지역에 정착하면서 지역의 문제를 해결하는 플랫폼의 주체자가 되도록 창의적 창업 재생을 지원하거나 청년 플랫폼의 정책으로 연결하면 좋겠다는 생각입니다. 앞서 논하였던 SK E&S가 ESG 경영(Ecological and Social Governance)을 앞세워 만들어 놓았던 '군산 로컬라이즈' 모델이 그 하나일 수 있다는 생각입니다. 즉, ESG라는 세계가 추구하고 있는 경영 가치를 반영하여 우리도 그런 건강한 경영의 세상에 진입해야 하는 시점에 다다르고 있습니다. 이러한 세계 경제의 흐름 속에서 '관(중앙정부 또는 지방자치단체)과 민(기업)'이 힘을 합쳐 만들거나, 또는 '관(중앙정부 또는 지방자치단체)과 공공기관(공사 등 공기업)'이 힘을 합쳐 만드는 가칭 '지역청년 창업로컬라이즈' 사업은 새로운 지역재생의 모형으로 자리 잡을 수 있다고 생각합니다. '군산 로컬라이즈'를 통해 그곳의 청년들이 지역의 혁신을 이끌어 내는 새로운 창조 세대요, 지역의 희망이요, 주인이 될 수 있음을 보았기 때문입니다. 농촌에서도 청년 여럿이 함께 일하는 '청년 농장주'가 되어 농촌을 관리하는 인력이 되면 좋겠다는 생각입니다. 네덜란드에서 보았던 모델로 농민과 농산어촌 가정 그리고 농업을 지원하여 농촌 혁신을 이루어 내는 농촌 관리사로 이어지는 형태라고 봅니다.

다른 하나는 지방의 소도시를 출발의 중심으로 삼아 스마트시티를 재생과 연동한 소규모 스마트재생으로 이어 나가는 것입니다. 스마트시티는 정보 통신을 기반으로 세상이 바뀌는 새로운 모형입니다. 중세의 농업 중심 도시는 증기 기관의 기술과 철강 기술의 발달로 공업 도시로 바뀌었습니다. 마차가 다니는 좁은 도로의 도시가 자동차와 기차에 적합한 넓은 도로와 철로로 이어지는 대도시로 대체되었습니다. 그리고 21세기에는 정보 통신 기술로 정보 고속도로가 구축되고 물류 창고 대신 빅데이터를 저장하는 데이터 센터인 클라우드가 만들어졌습니다. 그리고 앞으로는 지상에는 자율주행차가, 지하에는 하이퍼루프가 그리고 하늘에는 에어모빌리티가 날아다닐 것입니다. 그리스의 아고라나 로마의 포럼과 같은 아날로그형 소통 장소는 스마트폰 속의 디지털 공간과 메타버스의 공간으로 대체될 것이고 규모의 경제는 공간과 거리의 제약이 없는 클릭의 경제로 바뀔 것입니다. 한밭대학교 이상호 교수는 『스마트시티 에볼루션』[18]에서 "스마트시티는 도시의 오감을 수집하는 센싱 기술, 센싱된 데이터를 송수신하는 유무선 네트워킹 기술, 데이터를 분석하고 지능화하는 프로세싱 기술, 정보를 표현해 주는 인터페이스 기술, 프라이버시와 보안을 책임지는 시큐리티 기술(이) … 융합해서 지능화·자동화·자율화가 이루어진다." 라고 말하고 있습니다. 나아가 "*스마트시티 기술이 시작점이라면 스마트행정, 스마트비즈, 스마트산업, 스마트홈, 스마트환경*(을 넘어) …

18) 박찬호, 이상호, 이재용, 조영태, 『스마트시티 에볼루션』, 북바이북, 2002, pp. 34~35.

스마트시티 기술은 계속해서 빅뱅을 일으키며 마법과 같은 혁신에 다다를 것이다. "라고 말하고 있습니다. 세계는 기술 혁명으로 양보할 수 없는 전쟁을 벌이며, 영토 전쟁, 이념 전쟁, 금융 전쟁에 이어 기술 전쟁을 벌이고 있습니다. 이는 세계가 스마트시티에 열광할 수밖에 없는 이유이기도 합니다. 그런데 이러한 스마트시티 계획이 우리나라에서 시작했으나 제대로 정착하지 못하고 수십 년간 표류하여 왔습니다. 그것은 출발 초기부터 너무나 문제가 복합적으로 얽혀 있는 대도시를 대상으로 삼았기 때문이며, 정부 주도로 일을 진행했기 때문에 정부가 바뀌거나 담당자가 바뀔 때마다 또 다른 정책이 더 큰 가치로 대두될 때 스마트시티는 다시 처음으로 돌아가 버렸기 때문입니다. 선진국에서는 우리와 달리 특정 분야를 중심으로 그리고 특정 산업과 민간 기업을 중심으로 스마트사회를 만들어 가고 있습니다. 그리고 그것이 전체 사회로 확산되는 효과를 보고 있습니다. 이런 점에서 우리나라의 스마트시티는 조금 작은 공간에서 공간 재생과 접목하여 다시 시작되어야 한다고 봅니다. 조금 덜 복잡한 지방의 소도시 여러 곳에서 지역적 특색을 반영하며 특징적 문제점들을 해소해 나가는 소규모 스마트재생 모형이 만들어지고 이것들이 원활히 작동하도록 체계를 갖추었을 때 다시 이들을 모두 모아서 통합적 체계를 구축한다면 그때는 한국형 스마트시티, 즉 완성형의 K-Smart City의 모형이 만들어지지 않을까 기대하게 됩니다. 과거에 우리는 대도시의 문제를 쉽게 풀어내기 위해 초대형 스마트시티를 야심 차게 제시했었습니다. 하지만 하나도 제대로 풀지 못했다는 비난과 저항에 부딪혀 앞으로

한 발도 나가지 못했었습니다. 그러는 1985~2015년 사이에 세계 스마트시티 산업 생산액은 166배 성장했습니다. 모든 산업의 평균 생산액이 65배, 전통 산업의 생산액이 53배 성장한 것에 비하면 어마어마한 성장세라고 볼 수 있습니다. 물론 2015년 기준으로 스마트시티 산업이 차지하는 비중은 전체 산업에서 25% 정도에 불과합니다. 하지만 1985년 당시 11% 정도였던 것에 견주어 보면 스마트시티는 새로운 도시 혁명, 공간혁명, 산업 혁명의 시작점이 될 것이라고 봅니다. 그런 점에서 도시재생의 새로운 또 하나의 길이 스마트시티와 연동하는 데 놓여 있지는 않을까요? 이 과정에 도시재생에 참여한 젊은 현장 활동가들이 다시 새로운 길의 개척자로 합류할 수는 없을까요? 저는 충분히 가능하다고 봅니다. 그 이유는 그들만큼 사고가 열려 있고, 새로운 것을 배우는 데 거부감을 느끼지 않는 세대가 없기 때문입니다. 스마트시티와 도시재생이 연동될 수 있도록 재교육 과정을 거쳐 인력을 양성한다면 현장에 들어가 있는 재생활동가들은 가장 현장의 문제를 정확히 파악하고 있는 전문가로서 스마트재생의 신속한 작동을 위해 가장 체계적으로 훈련받은 전문 인력이 될 것입니다.

스마트재생으로 우리는 여러 가지 모형을 상상할 수 있습니다. 화석 연료에서 배출된 탄소를 모두 흡수해 내고 청정한 자연으로 만들어 내는 '그린스마트재생', 원격 의료 기술과 건강한 200세 삶이 현실이 되는 '바이오스마트재생', 재해 재난을 예방하는 센싱과 예측 시스템이 갖추어진 '방재스마트재생', 탄소 중립과 첨단 신재생 에너지의 생산과 관리 시스템이 결합된 '기후변화스마트재생', "도로와 주택이 합쳐진 마을은 과학이다."라고 말할 수 있는 '첨단공동체스마트재생' 등이 생각됩니다. 작은 도시마다 이런 특색을 하나씩 갖추고 그것이 결합되어 좀 더 커다란 도시에 적용이 된다면 시민 모두가 체감할 수 있는 진정한 의미의 'K-스마트재생' 모형이 완성되지는 않을까요?

"대들보를 서까래로 쓰시겠습니까?"

아주 평범한 건축사인 백승기 박사가 내게 던진 말이다. 그는 유명 인사가 아니다. 그저 내게 둘도 없는 동무요, 우리 시대를 함께 살아오며 함께 작은 고민을 이어 온 동료일 뿐이다. 그런데 그의 말을 듣는 순간 내가 사람을 어떻게 대해야 하는지 다시 한번 나를 돌아보게 되었다. 대들보는 집을 지을 때 앞뒤 기둥을 떠받치고 있을 뿐만 아니라 그 위에 지붕이 얹혀 모든 하중을 잡아 주는 중심체이다. 그런데 이렇게 보로 쓰여야 할 나무를 지붕 사이사이에 끼어 있는 서까래 하나로 써 버린다면 그건 잘못되어도 이만저만 잘못된 것이 아니다. 그런데 만약 서까래를 대들보로 쓴다면? 이것은 더 큰 참사일 것이다. 많은 사람이 인재를 구한다고 하면서 어떤 지위에 있었느냐만 보는 안목으로 사람을 찾아 쓰려 한다면 그것은 대들보를 서까래로, 또는 서까래를 대들보로 쓰는 우를 범하는 것이다. 우리가 젊은이들을 대할 때, 무엇보다 겉보기에 아무 가진 것 없어 보이는 사람을 대할 때, 그들을 서까래인 양 대하는 마음은 정말 위험하다고 볼 수 있다. 마틴 슐레스케가 쓴 『가문비나무의 노래』를 읽었을 때의 감동이 되살아난다. 세계적인 바이올린 제작 장인이었음에도 한 그루의 가문비나무를 대하는 마음씨와 손길은 언제나 한결같았다. 가문비나무는 그냥 바이올린을 만들기 위한 목재가 아니었다. 마틴 슐레스케는 가문비나무를 "생명이 숨 쉰다."라고 하면서 생명과 같은 울림을 바이올린의 선율로 재탄생시키는 생명체로 보았다. 백승기 박사가 내게는 투박하나 대들보와 같은 존재이다. 그리고 우리 시대에 함께 살고 있는 수많은 사람

이 숨겨져 있는 대들보일 것이다. 내가 사람을 대하는 마음이 어떠해

야 하는지 다시 느끼게 된다.

2022년 7월 어느 날 백승기 박사가 던진 한마디 중에서

공을 차던 소년이 마주한
나무와 흙의 얼굴

김영생 님

오아시스를 닮은 남자,
사내 유윤갑

유윤갑 님

평범하게 살고 싶었지만
평범하게를 못 살았던 삶

강성환 님

03

아무도 주목하지 않은,
하지만 꼭 주목받아야 할

$$\boxed{1}$$

도시재생 중간 조직인 기초지원센터와
현장지원센터를 만들며

2019년 고창에서 도시재생지원센터의 문을 열었습니다. 이 도시재생센터는 정말 우연찮은 기회와 인연의 연속 속에서 열리게 된 것입니다. 2018년 지방 선거가 끝난 여름 당시 고창 군수로 당선된 유기상 군수께서는 군정 업무를 시작하면서 여러 전문가를 모시고 군정 발전을 위한 자문을 받고자 하였습니다. 지역 명망가와 전문가가 많이 모였습니다. 비명망가 1인인 저도 함께 말입니다. 하하하. 이렇게 모인 자리에서 모든 참석자는 한마디씩 군정 발전을 위한 아이디어와 사업 계획의 보따리를 풀어놓았습니다. 어떤 분은 파워포인트로 발표 자료까지 만들어 오셨습니다. '아~ 나는?' 고창에 괜히 발을 디딘 게 아닌가 하는 생각이 들었습니다. 불행 중 다행은 '황' 씨인 덕으로 거의 마지막에 말할 차례가 돌아왔던 것이었습니다. 그사이에 다른 분들의 이야기를 들으며 꼭 해야 할 것 같은 이야기를 정리했습니다. 다만 제 이야기는 다른 분들과 너무 달라 걱정스럽기도 했습니다. 기억을 되살려 보면 대충 다음과 같습니다.

"군수님, 저는 함부로 아이디어를 내놓지 못하겠습니다. 이미 군수님께서 오랜 기간 선거 운동을 하시면서 얼마나 많이 들으셨을 것이며, 현장을 돌아다니시며 얼마나 많은 구상을 하셨을까요? 이렇게 생각해 보면, 고창에 살지도 않는 저보다 100배는 더 잘 알고 계실 것이고, 제 말은 섣부른 이야기요, 기껏해야 설익은 수준으로 들릴 수도 있을 것 같기 때문입니다. 그리고 솔직히 학술적인 수준에서 말하라면 몰라도 고창에 대해 정확히 파악하고 있지도 못합니다. 서설이 길었습니다. 다만 조금 다른 차원에서 한 가지 진심 어린 부탁을 드려 볼까 합니다.

군수님, 진정으로 고창을 위해 그리고 군수님과 한마음으로 일하고 싶어 하는 전문가를 몇 분이나 알고 계시는지요? 군수님께서 부르시면 곧장 달려와 마음으로 함께 고창의 문제를 풀어 가 주겠다는 전문가를 얼마나 알고 계시는지요? 군수님뿐만 아니라 군청의 실국장님, 과장님 그리고 팀장님들이 그런 전문가들을 얼마나 사귀고 계신지 파악은 해 보셨는지요? 저는 이것이 가장 중요하다고 생각합니다. 사람마다 '이것 해 보시죠, 저것 해 보시죠.'라고 다양한 제안을 할 수 있습니다. 하지만 상황에 따라 그런 제안은 언제든 뒤바뀔 수 있습니다. 그래서 저는 이보다 꼭 필요한 전문가 한 분을 얻는 것이 백 가지 아이디어보다 더 중요하다고 봅니다. 그 한 분의 진정 어린 자세와 선한 영향력으로 안 되는 일도 되게 할 수 있기 때문입니다. 그래서 실국장, 과장님들도 많은 수가 아닌 딱 한 분씩만 마음에 담회의가 끝나자마자 저는 당선인, 아니 신임 군수님과 악수를 나누고 헤어졌던 것으로 기억합니다. 그런 일이 있고 나서 6개월가량이 지나 해가 바뀔 무렵이었습니다. 고창군에서 도시재생지원센터를 위탁, 운영할 기관을 공모하고 있다는 소식을 들었습니다. 어느 선배 교수님께서 전북대가 거점 국립대로서 책임감을 갖고 지원해 보는 것은 어떻겠느냐며 연락을 해 왔습니다. 저는 준비도 안 되어 있고, 잘 알지도 못하고, 이 지역 사람도 아니라 그런 일에 관심이 별로 없다고 손사래를 쳤습니다. 그 교수님은 제게 겸손을 가장한 태도를 취하지 말라고, 안 속는다고 엄포까지 놓았습니다. 이미 '○○시'에서 도시재생대학을 운영하고 있는 것을 안다면서 말이죠. 며칠에 걸쳐 계속 빗발치는 요구에, "떨어져도 어쩔 수 없으니 그 이상은 요구하지 마세요."라고 하면서 제안서를 작성하고 공모에 참여하였습니다. 이것이 고창군 도시재생지원센터를 만드는 계기가 되었습니다. 일을 맡으면서 담당 공무원을 통해 유기상 군수님께 전달해 달라는 메시지를 하나 보냈습니다. "만약에 센터를 위탁해 놓고 군수 사람이니, 군의회의장 사람이니 하면서 누구를 직원으로 뽑아 달라는 말을 하면 그날로 때려치울 테니 인사에는 절대 관여하지 마십시오."라고 선언을 했습니다. 나중에 가서 유기상 군수님은 제 말을 상기하며 '아~ 너무 강한 분을 센터장으로 모신 것 아닌가?' 하고 우려하셨답니다. 별로 강하지는 않지만 그래도 어떤 외압(?)에도 견딜 수 있는 센터의 구조를 만들고 싶었고, 또 그렇게 시작했기에 도시재생을 위해 정말로 헌신하고 자 하는 순수한 젊은이들을 뽑아 함께 일할 수 있었습니다. 이렇게 탄 생한 것이 고창군 도시재생지원센터(기초센터), 모양성 현장지원센터 그 리고 옛도심 현장지원센터였습니다. 그리고 그렇게 공정하게 뽑힌 현 장활동가들에게는 아무 눈치 보지 말고 마음껏 열심히 그리고 창의적 으로 일하면 된다고 북돋아 주었습니다. 이렇게 철부지 같은 저를 마 음껏 일하도록 믿고 맡겨 주신 고창군의 유기상 전 군수님께 진심의 감사를 전하고 싶습니다.

이렇게 출발한 센터에서 제가 실현하고 싶었던 도시재생을 대하는 마음가짐과 목표를 고창군 도시재생지원센터 홈페이지[19]에 다음과 같이 담아 두었습니다.

"마을재생이란 '착착착'이 아닐까? 내 마을과 이웃에 애'착'을 갖고, 내 마을 일이 꼭 안'착'되도록 돕고, 그래서 나는 내 이웃과 내 마을에 오래도록 정'착'하고 싶고⋯." 2019년 6월 15일

고창군 도시재생지원센터장을 하며 제 마음에 세워 둔 몇 가지 원 칙이 있었습니다. 하나는 어떤 행사를 하든 누구를 오라 가라 하는 것

---

19) 고창군도시재생지원센터 홈페이지(https://letsgochang.modoo.at/) 주소를 알려 드립니 다. 이곳에 들어가 보면 2019년부터 활동해 온 수많은 일이 사진과 함께 정리되어 있습니다. 하나의 기억 저장소이기도 합니다. 둘러보고 배울 만한 것들이 가득 차 있습니다.

이 아니라 '우리가 찾아가겠습니다.'였습니다. 그래서 만들어 낸 것이 '찾아가는 도시재생대학'이었습니다. 재생활동가들이 조금은 힘들고 어려웠지만 음식과 행사 용품 그리고 교육 자료를 바리바리 싸 들고 마을로 찾아갔습니다. 그것도 저희 편한 시간이 아니라 마을 주민이 편한 시간에 맞춰 찾아갔습니다. 처음에 "도시재생대학을 운영해 볼까 합니다."라고 이장님들께 말씀드리면 "우리가 받는 교육이 한두 개가 아녀. 자꾸 오라 가라 해서 바빠 주꺼써~"라고 하시며 거절하셨습니다. 그래서 한 마을을 섭외하기가 하늘에서 별 따기였습니다. 하지만 어느 한 마을에서 가까스로 이루어진 도시재생대학이 다른 교육과 너무나 다르다고 소문이 나면서 '찾아가는 도시재생대학'은 몇 달이 못 되어서 불러 주는 마을이 너무 많아 골라가야 할 지경에 이르렀습니다. 이제는 찾아가면 마을에서 달덩이만 한 고창 수박을 몇 덩어리씩이나 내놓고 맞아 주셨습니다. 닭백숙도 해 주셨고, 늦었으니 아예 자고 가라고 방도 내어 주셨습니다. '찾아가는 도시재생대학', 우리는 이것을 '찾아가는 도재학당'이라고 명명했습니다.

두 번째 원칙은 어떤 일이 있어도 '사진을 찍을 때 가운데 서지 않는다.'라는 것이었습니다. 행사를 마칠 때면 마을 주민과 플래카드를 앞에 놓고 사진을 찍어야 했습니다. 일종의 사업을 증빙하는 자료를 만드는 것이기도 했습니다. 그러면 모든 분은 "교수님, 가운데로 나오시죠~"라고 저를 불러 세우려 하셨습니다. 하지만 저는 주인공이 아

니었기에 절대 가운데 서지 않았습니다. 주인공은 언제나 마을 주민이십니다. 그분들을 극진히 모셔야 합니다. 한때 제가 어느 민간단체의 장학위원장을 맡은 적이 있었습니다. 그때 모 기관장을 장학금 수여식에 모셔 학생들에게 장학금을 수여해 주십사 부탁을 드렸습니다. 수여식이 끝나고 사진을 찍는데 그 기관장은 학생들을 뒤로 다 둘러서게 하고 본인이 가운데 자리를 잡았습니다. 물론 일상적인 일이었습니다. 하지만 제 관점에서 그 자리는 장학금을 받은 학생들을 주인공으로 마련한 자리였습니다. 그래서 사진의 주인공도 학생들이라고 생각했고, 장학위원장인 저 자신도 옆으로 피해 주었습니다. 그런데 굳이 장학금 전달자인 분이 가운데 자리를 차지하고 서 계셨던 것입니다. 제 눈에는 조금 거슬렸습니다. 그런 일이 있고 난 뒤로 제 마음에 굳게 새겨진 것이 있습니다. '주인공을 중심에 높이 세우자, 최소한 사진 찍을 때라도 말이다. 그들이 권력을 갖고 있든 아니든 말이다.' 그래서 고창군에서 도시재생을 진행하면 찍은 대부분의 사진에서 우리 센터의 직원은 언제나 조금 옆으로 아니면 끝으로 밀려나 있습니다. 스스로 저를 밀어내니 설 자리가 정말 많았습니다. 이런 것을 눈치챈 마을 이장님과 위원장님도 저와 사진을 찍을 때면 일부러 옆으로 자리를 옮기셨습니다. 이런 미덕이 얼마나 마음을 푸근하게 하였는지 모릅니다. 고창군에서 재생은 이런 양보의 미덕에서부터 시작되었는지도 모르겠습니다.

지금 센터장의 직을 내려놓은 상태에서도 이렇게 적은 제 생각은 변함이 없습니다. 이런 내 마을과 내 이웃에 대한 '착착착'의 맥락 속에서 고창군이 꼭 변화되길 바랍니다. 그리고 고창군뿐만이 아니라 우리나라 수많은 재생 지역이 이렇게 바뀌어 가길 바랍니다. 그렇게 온 마음을 바쳐 일하고 계신 센터장들과 재생활동가들이 전국 방방곡곡에 퍼져 계시기 때문입니다.

세 번째 원칙은 재생을 실현하기 위해 가장 중요시해야 할 것은 어떤 일로 업적을 내는 것보다 '지금 그곳에서 있는 그대로 살아가시는 모든 분의 삶을 있는 그대로 담아내는 것'이라고 생각하였습니다. 즉, 삶에 대한 아카이브 작업을 하는 것입니다. 그래서 고창군 옛도심 지역과 모양성 마을에서 살아온 마을 분들의 모습과 이야기를 책 속에 담아 보았습니다. 삶의 흔적으로 말입니다.

01 추진경위

2020. 04. ~ 07.

사업구상 및 기획

03 사업구상 배

기획자(고창군 옛도심지역 도시재생현장
고민이 들었습니다. 건물, 공간, 역사
옛도심지역이 삶이 되어 살아오신
기록하는 것도 중요하지 않을까.

기획회의 중 센터장님으로부터 어떤
하나도 놓칠 수 없는 귀한 산물이라

센터는 이러한 생각이 기반이 되어
소박하지만 삶의 정취가 감숙하게
기록하지 않으면 잊혀집니다. 그 존
사람을 기록하는 일'은 중요하고, 일
지속적으로 '사람 기록'을 해 갈 예정

154

영상 아카이브사업

난기억

...-gun Old Urban Area Archive Project
– 2020. 10. 19.

도시재생,
그리고 "기록"

CONTENTS

01 추진경위
02 사업개요
03 사업구상 배경
04 사업기획
05 사업운영
06 사업 성과품 제출
07 책자 발간 기념식 및 전시회

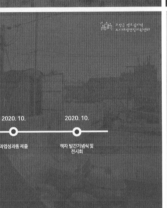

2020. 10.   2020. 10.

과업성과품 제출   책자 발간기념식 및
                        전시회

02 사업개요

- 사 업 명 : 2020 고창군 옛도심 기록화 및 사진·영상 아카이브
- 사업기간 : 2020. 07. 06. ~ 2020. 10. 19.
- 사업대상 : *옛도심지역 생활권자 및 주민 32명
- 사업내용

1) 마을 역사 및 동네 사람들 이야기, 기억찾기 등 스토리 발굴
2) 개인과 마을 중심 기록화 작업을 통해 마을 스토리 및 활성화 계획 아이템 발굴
3) 발굴된 스토리를 기반으로 책자와 영상 제작

- 소요예산 : 14,000,000원(일천사백만원)
- 계약유형 : 수의계약(13,000,000원)

▲ 2020년 기록화 구역('20년도 전략계획구역 포함)
* 옛도심지역 : 신흥동, 상하동, 시흥동, 중앙동 시흥동, 진동·사, 남흥 1동, 대성동, 성북동

노개리에 따라 1개년, 주씨는 정당

04 사업기획

- 사업 초안 기획 회의
  - 일   자 : 2020. 04. 16.
  - 장   소 : 고창군 도시재생지원센터
  - 참 석 자 : 김지훈(문화통신사), 정*영, 허지원, 김*찬, 서*희, 최*미, 청영하 총7명
  - 회의내용 : 아카이브사업 구상·내용 공유, 문화통신사 활동내용 보고, 아카이브 작업
             방식 등 논의

- 사업 운영을 위한 기획 회의
  - 일   자 : 2020. 06. 24.
  - 장   소 : 문화통신사 협동조합(전주 카페 기린토월)
  - 참 석 자 : 김지훈 대표 외 6명(이하 문화통신사), 허지원 외 1명(이하 옛도심지역 센터), 총 8명
  - 회의내용 : 과업지시서 공유, 기록화 진행절차 소개, 결과책자 및 영상제작에 관한 기본방향,
             테마 협의(취재 후 이야기식으로 기록 결정)

05 사업운영

- 수의계약
  - 일 자 : 2020.07.06.
  - 용역기간 : 2020. 07. 06. ~ 2020. 10. 19.
  - 용역업체 : 문화통신사 협동조합(전주)
  - 용역내용
    1) 옛도심지역 기록화 작업(인터뷰, 사진, 영상)
    2) 결과 책자 작업 및 교정/영상 편집
    3) 책자 발간 기념식 및 전시회 진행

05 사업운영

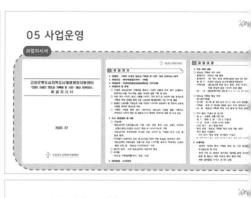

06 과업 성과품 제출

- 결과책자 발간
  - 발행기간 : 2020. 10월 발행
  - 발행규격 : B5, 145p, 200부(컬러)
  - 수록내용 : 옛도심지역 역사, 문화, 주민 이야기, 기억찾기 등 개인과 마을 중심의 숨은 이야기

06 과업 성과품 제출

07 책자발간 기념식 및 전시회

- 책자발간 기념식 및 전시회
  - 행사일시 : 2020. 10. 19.
  - 참 석 자 : 사업 참여주민, 고창 옛도심준비위원회, 관련 실무자 등 총32명
  - 행사내용 : 사업 경과보고 및 자유토크쇼진행, 책자 전달식, 기록영상 시청 및 사진 전시회 진행

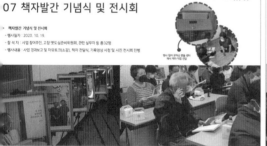

08 사업성과

- 옛도심지역의 공간, 삶에 대한 이야기 등 데이터 구축
- 역사의 스토리 발굴과 변화과정에서 옛도심지역의 가치 상승
- 주민들이 도시재생을 체감할 수 있는 사업을 진행함에 따라 옛도심지역 공동체 의식 함양 및 자치 생성 도모
- 코로나-19로 인하여 사업이 2주 지연되었으나, 주민들의 참여도와 만족도가 높았으며, 지속적인 '사람 기록' 사업 운영의 요구됨

사업운영

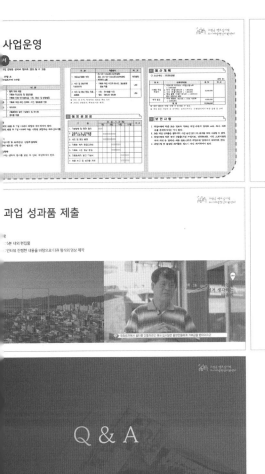

05 사업운영

- 원활한 기록작업을 위한 회의
  - 회의일시 : 2020. 07. 06.
  - 회의장소 : 고창군 도시재생지원센터
  - 참여자 : 김지훈 외 1명(이하 문화통신사), 이동석 외 1명(이하 병도심지역 센터) 총3명
  - 회의내용 : 원활한 기록작업을 위하여 각 마을 어르신에 참여자 추천 협조

- 기록작업 진행을 위한 사업 참여자 추천 (각 마을 2명당 6명)
  - 일   시 : 2020. 07. 06. / 2020. 07. 16.
  - 참여자
    1) 2020. 07. 06 : 관자, 신ᄒᆞ은, 장ᄒᆞ막, 김ᄒᆞ문, 이동석, 정영하 총6명
    2) 2020. 07. 16 : 장ᄒᆞ학, 유ᄒᆞ수, 왕ᄒᆞ막, 문ᄒᆞ자, 김ᄒᆞ문, 이동석, 정영하 총7명

과업 성과품 제출

: 5분 내외 편집물
: 인터뷰 진행한 내용을 바탕으로 다큐 형식의 영상 제작

07 책자발간 기념식 및 전시회

- 책자발간 기념식 및 전시회 초대장 배부
  - 배부일자 : 2020. 10. 16.

Q & A

2022. 03. 30. - PRESENTATION

먼저 나온 책이 『2020년 고창마을이야기』입니다. 책 출간을 기념
하며 사진으로 그리고 글로 참여한 모든 분을 모시고 조촐한 잔치를
가졌습니다. 영상 자료를 보시면 눈물 나는 이야기, 행복을 나누려는
이야기 그리고 마을에 감춰졌던 이야기들이 들려오는데 모두 숙연해
지기도 하시고, 스스로 감동해서 박수도 치시고 크게 기뻐하시는 것
을 보았습니다. 삶의 흔적을 남기는 것, 그분들의 흔적을 값지게 남겨
드리는 것은 정말 보람된 일이라고 생각합니다. 다른 사람의 삶을 이
렇게 값진 흔적으로 남겨 드리는 것이 진정한 재생은 아닐까요?

이 책은 성황리에 많은 분의 호평을 받으며 퍼져 나갔습니다. 전라북도 내에서도 도시재생을 하는 분들이 이 책 한 권만 달라고 간청을 해 왔습니다. 다른 광역자치단체의 현장지원센터에서도 한 권 구할 수 없겠냐고 저를 볶아 댔습니다. 이런 일이 있고 나서 우리 센터의 현장활동가들은 2021년에 이르러 모양성 마을에서도 똑같은 형태의 기록화 사업을 성공리에 진행했습니다. 『고창 1번지, 모양성마을 이야기』라는 책 속에 참여하신 모든 분이 자기의 인생 책을 처음으로 소장하면서 그리고 이웃의 삶을 읽으면서 마음속으로 공감하는 범위가 넓혀지기 시작했습니다. 그리고 난 뒤로 모양성 마을에서 오랫동안 벌어졌던 갈등의 먼지가 맑게 사라지기 시작했습니다.

2

아무도 주목하지 않았던
'중간 조직 사람들'과의 인터뷰

'현장에 답이 있다.'라고 생각하며 현장 깊숙한 곳으로 들어와 도시재생을 진행한 이래로 네 번째 해를 맞았습니다. 그러면서 지난 재생의 과정을 돌아보며 놓칠 수 없는 가장 귀한 것이 무엇일까 생각해 보았습니다. 그것은 당연히 2020년에 그곳에서 살아가시는 모든 분의 삶을 있는 그대로 담아내 보자고 생각하며 마을 분들의 살아온 모습과 그분들의 이야기를 책 속에 담아낸 아카이빙 작업이었습니다. 그리고 다른 하나는 아직 이루지 못한 것으로 이분들의 삶과 이야기를 담기 위해 그렇게 젊음을 불사른 도시재생 중간 조직의 재생활동가들의 이야기를 담는 것이었습니다. 이들을 주목한 이유는 정말 귀한 젊은이들인데, 이들을 아무도 돌아보고 있지 않다는 생각이 마음 깊숙이 밀치고 올라왔기 때문입니다. "이들은 과연 재생사업을 위해서 써먹다가 버려도 되는 한시적 조직의 부속품인가? 젊은이들은 이렇게 희생되어도 된단 말인가? 언제는 급하고 필요하다고 난리를 치더니 말이야… 특히 지방으로 들어갈수록 구하기 힘든 젊은 청년들인데, 그들의 생존은, 그리고 미래는 누가 어떻게 보장해야 한단 말인가?" 꽤 오래전에 「미생」이라는 만화가 TV 연속극으로 방영된 적이 있었습니다. 그 연속극은 제게 큰 격동과 울분을 일으켰습니다. 바둑으로 프로 기사가 되는 것에 삶을 바쳐 온 주인공 장그래, 그것 때문에 대학 입시도 포기했는데 프로 입단에 실패한 결과는 쉽게 취업할 수 없는 냉혹한 현실과의 맞닥뜨림밖에 없었습니다. 어렵게 어렵게 계약직 사원이라는 형태로 직장의 세계에 발을 들여놓았지만 무참히 당하는 일만 잔뜩 닥쳐왔습니다. 저도 한때 계약직 연구원으로 일했던 적이 있어서 계약직이라는 설정 자체가 깊은 동질감을 느끼게 하였습니다. 아무리 열심히 일해도 정규직과 같은 대접을 받지 못하고, 아무리 괜찮은 능력을 발휘해도 계약 기간이 끝나면 그냥 사라져야만 하는 그런 존재가 계약직이었습니다. 이런 계약직의 젊은 재생활동가들을 한 번쯤은 돌아보아야겠다는 생각이 들었습니다. '왜 3~4년간 전문가 이상으로 현장을 누빈 그들이 빈손으로 돌아가야만 하는가?'라는 생각을 지울 수 없어서 이들과 오랫동안 나눈 이야기를 인터뷰 형태의 글로 기록해야겠다고 결심했습니다. 지금 저는 이것이 가장 위대한 도시재생의 아카이빙 작업이라고 자평합니다.

자~ 그럼, 지금부터 이야기를 인터뷰 형식으로 풀어 가 보겠습니다.

Question 1. 짧은 소개는?

> **Q 1.** 도시재생에 참여하게 된 계기와 참여하고 있는 자신에 대하여 짧은 소개를 부탁드립니다. 왜, 어떻게 참여하게 되었으며 도시재생 업무를 진행하며 가지게 된(달라진, 구체화된) 가치관과 지향점은?

김소빈[20]

겨우 찾은 꼬리표, 작아도 아름다운 마을에서 재생의 중간 조직 일원으로 첫발을 내딛고 싶었습니다. 고창을 사랑하는 사람들의 이야기 단편을 함께 전해 듣고, 제 이야기도 꺼내어 드릴 수 있는 순간이 찾아온 것에 여린 기쁨의 박수를 전합니다. 스스로를 어떻게 소개해야 할지 꽤 오래 고민했습니다. 그러다 겨우 찾은 제 꼬리표 하나는 '의미를 위해 하고 싶은 걸 하는' 사람이라는 사실이었습니다. 저는 김소빈이라는 이름을 가지고, 의미를 담은 재생 기획과 (지역) 문화 기획을 하는 게 즐거운 사람이자 종종 그림도 그리고 디자인 작업도 하는 사람입니다. 조금 어린 고뇌일지 모르겠습니다만, 스스로 자연의 일부로 생겨나 자연스럽게 자연으로 돌아갈 한 인간으로서 '이 작은 삶

---

20) 고창군 도시재생지원센터에서 제가 센터장을 하고 있을 때 맨 마지막으로 합류했습니다. 한 번 지원했다가 미끄러졌는데, 그다음에 공고를 냈을 때 다시 지원해 직원이 되었습니다. 미안했고 고마웠습니다. 마음이 몹시 순박하고, 생각이 곱고, 그러면서도 지방도시의 재생을 위해 온 마음을 불사르고 싶은 책임감이 강한 젊은이였습니다.

을 사는 동안 세상에 어떤 가치를 놓아두고 돌아갈 수 있을까?'라는 생각을 줄곧 해 오며 옅은 걸음으로 살아가고 있습니다. 한 가지 확실한 것은 살아온 세상 안에 의미 있는 일을 하고, 가치 있는 행동을 놓아두고 싶다는 마음입니다. 어떤 형태로든 상관없이요.

이제 와 돌이켜 보면 2020년도 봄, 친구가 "벚꽃 보자."라고 불러서 왔던 첫 방문부터 고창에 반했던 것 같습니다. 엄청난 벚꽃의 절경을 보고 나서, 황홀해진 기분으로 들어갔던 칼국수 가게의 맛에 놀라고, 아기자기한 그림이 담긴 아늑한 카페까지 다녀온 그 하루 만에 속수무책으로 사랑에 빠졌던 것 같습니다. 남들에겐 별거 아닌 하루였지만, 모양 읍성의 벚꽃도, 고창의 맛난 음식도, 그림책을 그리며 사는 카페의 주인분도 제게 너무 멋있었거든요. 다시 찾아온 고창 여행에서 우연히 모양성 옆 마을을 산책하며 알게 된 현장센터의 이름이 제 머릿속에서 떠나지 않았습니다. 도시재생 사업은 제가 바라 왔던 '의미를 담는 일에서의 결'이 같다고 생각했고 그러한 결론으로 생각이 매듭지어지자 심히 고창에 오고 싶었습니다. 센터에서 '마을 재생'을 위해서 함께 일하고 싶었습니다. 때마침 올라온 2021년도 채용 공고에 지원서를 넣었지만, 맹목적인 의욕만 앞섰던 탓인지 첫 번째 지원에서는 떨어졌고요. 이후 연말 공고에 다시 지원했습니다. 그렇게 의욕은 덜고 진심을 담았던 두 번째 지원에 센터는 제게 문을 열어 주었습니다. 살아 보니 고창은 생각했던 대로 빛나는 지역입니다. 싱그러운 햇살과 녹음 아래 다양한 모양을 가진 사람들이 있고요, 따뜻한 마음들과 조용하고 반짝거리는 밤이 있습니다. 문화는 바래지지 않고 살아 있습니다. 고창은 재생시켜야 할 공간과 가치들이 사람을 기다리는 곳입니다.

매번 작은 실력 속에 큰 마음을 우겨 담느라 자주 울먹이고 작아지지만[21], 고창의 빛나는 가치와 마음들을 전하기 위해 이곳에서 함께 도전하고 있습니다.

김희수[22]

재생, 내 인생의 값어치(가치)를 찾아가고 싶었습니다. 사실은, 주어진 최초의 질문을 마주하고 첫 문장을 떼기까지 오랜 시간을 망설였습니다. 가정 통신문에 장래 희망을 채워 넣기 시작했던 초등생 시절부터 직업의 소명 의식을 꽤 중요시하는 사람으로 자라 왔다고 생각했기에, 도시재생에 입문하게 된 계기가 무엇이냐는 질문에 선택의 이면을 밝히는 일이 꽤 부끄러운 것이었습니다. 지금에서야 말하지만, 엄청난 사명감을 가지고 이러한 일을 하겠노라 마음먹은 것은 아니었습니다. 20대 중반의 청년들이 대부분 그렇듯 전공과 무관한 길

---

21) 로컬 매거진 『Local editor for your fun』

22) 모양성 마을 도시재생현장지원센터에서 함께 일했던 팀원이었습니다. 직원으로 뽑을 때도 마음이 얼마나 곱고 여려 보이던지, 험하게 대하는 마을분들에게 상처를 받으면 어쩌나 하는 걱정도 앞섰습니다. 하지만 부팀장이 되어 지도력도 뽐내고 있습니다.

로 들어서며 사회 초년생이 되었기 때문인데, 그래도 그때의 나에게 익숙하지 않은 분야에 뛰어든다는 것은 굉장한 도전이었다고 여겨집니다.

도시재생으로 12개월을 꼬박 지낸 지금, 저는 '일'이라는 것에 대해 다시 정의를 내리게 되었습니다. 과거 제게 '일'은 그저 주어진 것만 완벽하게 해내면 그만이라고 치부했던 것 같습니다. 하지만 이제는 의식주를 영위하기 위한 수단이 아닌, 보다 생동감 있는 일을 해내고 싶은 욕구로 다가오고 있습니다. 어느 여름, 마을에서 우연히 마주친 주민분이 건네주신 자두 꾸러미를 받은 적이 있습니다. 사소한 변화에 감사를 표하는 다정한 마음이 쌓이는 날을 맞을 때마다 더 나은 재생을 선물하고 싶은 단단한 책임감이 울렁거려 왔습니다.

또한 넓은 시야를 가져야겠다는 생각을 자주 하게 됩니다. 최근 동료를 따라 '제로 웨이스트'에 관심을 두게 되었는데, 환경 보호를 위해 재사용이 가능한 것들을 모아 다시 일상 속 물건을 만들어 낸다는 것입니다. 문명과 산업이 급속도로 발전하던 시기만 해도 불편을 감수하며 굳이 친환경 제품을 만들어 내 쓸 것이라고 예상하지 못했었지요. 이처럼 도시재생도 마찬가지라고 봅니다. 경제 성장을 위해 앞다투어 건물을 세워 놓았었는데, 수많은 만물 중 하필 도심과 도시를 재생하게 될 줄 누가 알았을까요? 요즘의 경향은 무심코 놓아 버린 가치를 재조명하고 일부러라도 찾아가는 형태임이 분명한 듯합니다. 성악가의 독립 출판물, 시골 속 청년 디자이너, 고령의 주민들이 운영하는 마을 카페…. 시대의 성향과 함께 부여된 도시재생은 이렇게 보편적이지 않은 다각도의 것들을 살피는 태도라고 봅니다. 저는 지금 이와 같은 업무에 종사하는 실무자로서 세상을 그저 폭넓게 알고, 그 속에서 무심코 발견한 공간의 이들에게 개인의 미약한 행동력이지만 긍정적인 영향력을 나누고 싶습니다.

'누구도 주목하지 않은' 가치에 값어치가 더해지는 사회에서, 그것의 퇴색한 의미를 되찾을 수 있도록 돕는 근사한 일에 속해 있다니…. 어쩐지 삶을 이끌어 가는 강한 힘이 내면에 만연해지는 순간입니다.

서윤희[23]

주민과 함께, 흑백의 쇠퇴된 구도심을 생기롭게 칠해 가고 싶었습니다. 전북 전주에서 나고 자랐습니다. 고창에는 학부생 때 도시조경설계 과목을 수강하다 "원형을 보존하고 있는 고창 모양성에서 전통 조경적인 영감을 받아 보라."라는 교수님의 조언으로 처음 와 봤습니

---

[23] 고창군 도시재생지원센터의 창립 멤버입니다. 직원으로 뽑으며 제가 요구했던 전제 조건은 고창으로 이사 와서 사는 것이라고 말했습니다. 두말하지 않고 2019년부터 온몸을 불살라 저와 함께 고창군의 여러 마을을 비집고 찾아다녔습니다. 너무나 고마운 제자이자 직원이었습니다. 제가 가장 많이 의지한 한 사람이라고 할까요? '찾아가는 도시재생학당(도재학당)'을 기획하고 운영한 장본인이기도 합니다. 지금은 더 좋은 곳에서 일하고 있습니다. 이적료 없이 놓아주어야 했던 안타까움이 너무나 큽니다.

다. 졸업 후 도피성 외국 생활을 마치고 귀국해 진로의 갈피를 잡지 못하고 방황하던 시기, 우연히 교내 채용 공고를 보고 지원해 도시재생지원센터의 창립 멤버가 되었습니다. 의도치 않았지만, 센터의 개소부터 지금까지 남아 센터와 고창군 도시재생의 일대기(?)를 함께했습니다. 쉽게 질리는 성격에 호기심도 많아, 항상 다른 곳에 눈을 돌리고 있지만 지금껏 이곳에 남은 이유는 어쩌면, 도시재생이라는 일이 분야가 다양하고 여러 가지를 해 볼 수 있어서, 또 다양한 사람의 이야기를 들을 수 있어서, 쉽게 질리고 호기심 많은 나와 잘 맞았던 것 같기도 합니다.

"지역의 자원을 활용하여, 주민과 함께, 흑백의 쇠퇴된 구도심을 생기롭게 다시 칠해 갑니다(이것은 제가 정의하는 도시재생이라는 것이기도 합니다)." 라는 의미의 도시재생이 매력적으로 다가와 더 마음을 두고 참여하고 있습니다. 스물여섯부터 스물아홉이 된 지금까지 나름 도시재생에 몸을 담고 여러 도시를 (견학 겸 여행 겸) 돌아다니다 보니, 지역을 지키는 주민들이 만들어 가는 작고 다양한 실험이 애틋하게 느껴졌습니다. 더러는 도시재생이 감상적인 정책으로 주민들의 삶에 실질적인 도움을 주지 않는 사업이라고 비난하지만, 도시재생 사업으로 일구어 낸 작고 소소한 실험이 누군가에게는 재미, 성취감, 살아가는 지역에 대한 애정, 삶의 전환점이 되었을지도 모릅니다. 특별한 소수가 주목받기보단 평범한 주민이 '주인공'이 되는 일이기에 도시재생이 의미를 갖는 게 아닐까 하는 생각이 듭니다.

여전히 아리송한 도시재생이지만, 그냥, 우리 사업으로 내가 기획한 사업으로 누군가가 자신감을 얻고, 삶의 재미를 느끼고, 조금이나마 도움이 되었다고 느끼면 그것으로 만족하려고 합니다. 그리고 그런 말을 들은 걸 상기하며 오늘도 출근할 힘을 얻습니다.

송진웅 [24]

회상, 영사기에 내 삶의 지나온 영상이 돌아가듯 영상을 돌려 보고 싶었습니다.

생각의 파편들을 수집해 봅니다.

어릴 적에 시골 마을에서 마당이 긴 집에 살던 기억이 있습니다. 마당이 긴 만큼 정원도 길었지요. 정원에는 오래된 담장을 따라 앵두나무, 금낭화 등이 자라고 있기도 했고요. 밥상을 폈다가 접고 이불을 폈다 개며 생활하는 방문을 열면 항상 흙냄새와 신선한 공기가 다가왔습니다. 조금 더 마당과 작은 정원을 지켜보면 나비도 보이고 사마귀도 보였으며 조금 더 위를 올려다보면 재잘거리는 참새와 감나무에 앉은 까치도 보였습니다. 동네 어귀 대숲에서 들려오는 바람 소리는,

---

[24] 고창군 옛도심 지역 도시재생현장지원센터의 팀장으로 활동을 시작했고, 지금은 고창군 도시재생지원센터의 수석팀장으로 활약하고 있습니다. 겉은 야리야리해 보이는데 속에는 불같은 열정이 가득한 사람인 것을 느낍니다. 농촌을 사랑하고 농민을 사랑하며 지방 소도시를 살려보려는 의지가 뚜렷한 청년입니다. 그가 남긴 글이 얼마나 담백한지 놀라울 정도입니다.

작은 마당 안에서도 큰 마을의 공간감을 느끼게 하는 요소였습니다. 그렇게 하늘을 바라보며 자랐습니다. 이후 도시로 이주하며 학업을 이어 갔고, 도시 속에서 오는 풍경과 감각에 대한 결핍을 느끼며 조경설계가라는 꿈을 갖게 되었습니다. 그렇게 성인이 되고, 20대 동안 설계를 잘하는 조경가가 되기 위해 시간을 모두 들였습니다.

공간을 디자인하는 일을 하며 공간과 라이프 스타일의 다양한 형태를 수집하게 되었고, 시간이 지나자 선호하는 사례들의 공통점이 보였습니다. 처음에는 공통점에서 발견한 특징을 나의 삶과 연결 짓지 못하였습니다. 그러나 인지가 반복되고, 어느 순간에는 로컬 공간과 로컬 문화를 지향하며 거주할 도시를 모색하고 있었습니다.

'2021 농촌개벽대행진'을 보게 되었습니다. 도시 지향이 어떻게 나오게 되었는지, 언론과 교육의 초점이 어디로 향해 있는지, 다른 나라도 모두 그런 것인지, 우리나라 농산어촌의 현황은 어떤지 알게 되는 첫 순간이었습니다. 농산어촌의 문제를 인식한 후로는 한 가지라도 해결하는 데 함께하고 싶어졌습니다.

고창의 어느 마을 주민께서 '구부러진 나무와 남겨진 사람들'에 대한 이야기를 하시는 인터뷰 영상을 보았습니다. 곧고 좋은 나무는 모두 목재로 사용되기 위해 난 자리를 떠나게 되었고 구부러진 나무만 오래도록 자리를 지켰다는 것이었습니다. 저 또한 마찬가지였습니다.

끊임없이 성장하고 배우기 위해 계속해서 더 큰 도시로 떠났습니다. 뒤도 돌아보지 않고 화살표의 방향은 오직 앞으로만 향한 채로 곧바로 달렸습니다. 그러다가 이건 아니다 싶었을 때 멈추기로 하였고, 주위를 둘러보기 시작했습니다. 그러던 중 '세상의 배고픔과 나의 즐거움이 함께하는 일'을 찾기로 하였습니다.

정영하[25]

도시재생지원센터에 들어오던 날의 기억, 낯설지만 새로운 삶을 시작해 보고 싶었습니다. 기억력은 좋지 않은 편이지만 이곳에 들어오던 날은 생생합니다. 솔직하게 말하자면 쫓기듯 왔습니다. 대학교를 졸업할 시기에 친구들은 하나둘 취업 준비를 하는데, 혼자 가만히 있자니 불안이 몰려왔습니다. 가만히 있다간 뒤처지겠다 싶어서 그렇게 오게 됐습니다. 오고 나서야 도시재생에 대해 부랴부랴 공부했는데, 교육을 들으러 다녀도 너무 어렵게 느껴졌습니다. 그래서 일도 적응하는 데 꼬박 한 해는 걸린 것 같습니다.

이쯤에서 본인 소개를 해야 할 것 같습니다. 현재 고창군 옛도심 지

---

[25] 고창군 옛도심 도시재생현장지원센터의 막내입니다. 나이는 막내였지만 실력만큼은 다른 직원들보다 좋아 선임이라고 해도 될 정도였습니다. 고창 출신으로 대학을 마치고 첫 직장으로 도시재생지원센터에서 일을 시작했는데 디자인을 전공한 능력을 프레젠테이션과 홍보에 넘치도록 발휘했습니다. 절대로 누구에게 뺏기고 싶지 않은 직원으로 이적료를 왕창 받아야 놓아줄 수 있을 것 같습니다.

역 도시재생현장지원센터에서 주임으로 근무하고 있는 정영하라고 합니다. 왠지 쑥스럽네요. ^^* 고창에서 태어나고 자랐지만 내게 옛도심 지역은 정겹기보단 새로웠습니다. 그러다 도시재생지원센터에 근무하면서 고창이 내 고향임을 더욱 깊숙이 알게 되었고, 이제는 진짜 찐 고창인이 된 기분이 듭니다. 중간 지원 조직에서 프로젝트를 기획하는 사람으로 성장하고 있습니다. 중간 지원 조직인 도시재생지원센터에서 1년 동안은 팀장님을 도와 사업의 행정 지원 및 예산 업무, 홍보를 담당했습니다. 그리고 2년 차에 들어서면서 사업 기획 부분도 맡아 경험하게 되었습니다. 2년 차에는 하나의 프로젝트 전체를 맡아 기획부터 운영을 진행했기 때문에 막중한 책임감이 들어 지칠 때도 있었습니다. 그렇지만 프로젝트가 끝날 때마다 확실한 성취감을 느낄 수 있었습니다. 본인은 아무 경험 없는 초짜 사회인이었기 때문에 이곳에서 2년을 보내며 성장한 느낌이 팍 들었습니다. 그런데 성장은 성장이고, 일을 하면서 부딪치는 난관도 있었습니다. 그건 바로 '재미'라는 것이라고 할 수 있는데, 전공(시각 디자인과)대로 온 직종이 아니어서 일하면서 재미를 느끼긴 힘들었습니다. 그래서 다른 한편으로 전공을 살려 일해 보는 것에 목말라 있기도 했습니다. 그런 제게 허 팀장님과 이 팀장님[26]은 디자인과 도시재생을 잘 섞어 사업에 녹일 수 있는 사업을 진행해 볼 수 있도록 많은 배려를 해 주셨습니다. 진

---

26) 앞서 이야기한 송진웅 팀장님의 선임자들입니다. 이 두 사람도 얼마나 진심이 가득한 사람들이었는지 모릅니다. 한 사람은 전주에서, 다른 한 사람은 광주에서 또 다른 인생을 펼쳐 나가고 있답니다. 허 팀장님은 전주시에서 '1일 시장'도 역임했더라고요.

행해 본 작업들이 큰 작업은 아니었지만 전공 관련 일이 아니어도 연관 지어 해 볼 수 있었던 건 정말 큰 경험으로 다가왔습니다. 예전에는 내가 좋아하는 것이 없는 곳은 힘들다고 생각했는데, 요즘은 그런 곳에서 내가 좋아하는 것을 어떻게 섞어서 더 재밌는 일을 할 수 있을까 하는 즐거운 고민이 들기 시작했습니다.

최혜미 [27]

도시재생지원센터에 들어와 일한 지도 벌써 3년이라는 시간이 흘렀습니다. 제가 도시재생에 대해 처음 접했을 때가 대학교 3학년이었습니다. 전공 수업에서 당시 공고 중이던 전주시 도시재생 공모전에 참여하는 게 과제였고, 그렇게 도시재생에 관심을 가지게 되었습니다. 처음 접했던 도시재생은 제게는 평소에 배우던 조경 설계의 프로세스도 들어가면서 인문, 사회, 공학, 문화 등 모든 분야에서 접근해야 하는 복합적 분야임을 알게 했습니다. 이런 점은 제게 새롭게 다가왔고 흥미를 가지게 해 주었습니다. 전주시에서 노후화되어 더 이상 사람들이 많이 찾지 않는 공간들을 어떻게 하면 다시 활성화시킬 수 있을

---

27) 고창군 도시재생지원센터의 창립 멤버로 두 명을 뽑았었는데 그중 한 사람입니다. 서윤희와 대학 동기라 두 사람을 뽑으면서 서로 사이가 좋으면 참 좋겠지만 혹시 서로 경쟁하다가 싸우면 어쩌나 걱정이 들기도 했습니다. 그런 걱정은 기우였습니다. 서로 힘이 되어 주며 얼마나 야무지고 똑 부러지게 모든 것을 잘 해냈던지 내부 조직의 중심체와 같은 존재였습니다. 2019년부터 온몸을 불살라 저와 함께 고창군의 여러 마을을 비집고 찾아다녔습니다. 너무나 고마운 제자이자 직원이었습니다.

까를 고민하다가 말도 안 되는 상상도 해 보기도 하고 해외 사례, 국내 사례 등 이것저것을 찾아보며 과연 내가 살고 있는 전주에도 이런 변화가 이루어질 수 있을까 하는 기대를 해 보기도 하였습니다. 이렇게 공모전을 잘 끝내고 4학년이 되어 졸업 설계 주제를 산업단지 재생으로 하였고, 그 이후로 도시재생으로 진로를 정하게 되어 지금 이렇게 일을 하고 있나 봅니다.

재생은 애정이 있을 때 이루어지지 않을까요?
취업 준비를 하면서 전라북도 내에서 도시재생을 하고 싶었고, 이력서를 제출할 때 전주와 고창에 지원하게 되었습니다. 지금은 전주가 아닌 고창에서 저를 채용해 주어서 지금까지 이것저것 잘 배우면서 일하고 있습니다. 일을 배우면서 가장 많이 느끼게 된 게 도시재생을 하려면 지역에 대한 애정이 정말 중요하다는 것이었습니다. 고창에서 일을 하면서 고창 사람들은 어떤 성향을 가지고 있는지, 어떤 문화를 가지고 있는지, 어떤 생활을 하고 있는지 알아 가면서 도시재생을 어떻게 접근하면 좋을지 많은 고민을 하게 되었습니다. 다른 지역의 잘한 점을 그대로 벤치마킹을 시도해 보았는데 고창 주민들은 받아 주지 않아 처음엔 적잖이 당황스러웠습니다. 하지만 점차 주민들을 알아 가고 그분들을 이해하고 그분들이 바라는 것이 무엇인지 생각해 보면서 고창을 이해할 수 있게 되었습니다. 그래서 주민분들과 서로 호흡을 맞추며 애정을 갖고 하나씩 진행해 나가게 되었습니다. 이런 모습을 보면서 내가 천주에 살면서 과연 얼마나 전주에 애정을 가졌는지, 얼마나 잘 알고 있었는지, 관심은 있었는지 돌아보며 저의 무관심에 조금은 부끄러움을 느끼기도 했습니다. 이제는 도시재생이 잘 진행되려면 그 지역 사람들이 애정을 가지고 관심을 줘서 지역에 맞는 방향으로 나아갈 수 있게 도와줘야 한다는 걸 많이 느낍니다.

기초센터의 기능을 생각해 봅니다.

기초센터는 현장지원센터가 생기기 전까지 기초를 잘 닦아 놓고 현장지원센터가 들어오면 잘 빠져 주는 일을 해 왔습니다. 어떻게 보면 처음만 해 놓고 마무리를 하지 못하는 숙명이라 아무도 알아주지 않는 역할인 거 같다고 불만을 가지기도 했습니다. 어떻게 시작했는지보다는 어떤 결과를 가지고 마무리가 되었는지가 더 중요한 일이다 보니 그저 기초센터는 지원만 해 주는 역할이구나 하고 평가받는 게 속상하기도 했습니다. 이런 점에서 새로운 현장에 도시재생을 가지고 들어가는 과정이 어렵고 힘든 일인 걸 누군가(국토부, 도청, 군청 등) 알아 주고 평가해 주고 인정해 준다면 기초센터에서 일하는 사람 모두 지금보다는 더욱 열정을 가지고 일할 수 있지 않을까 생각해 보기도 합니다. 어느덧 2022년 새로운 정권이 들어설 시기가 다가왔는데 도시재생의 앞날이 어떻게 변할지 궁금해집니다.

한재원[28]

고창군 모양성 마을 도시재생현장지원센터에서 다시 찾고 싶은 마을을 만들기 위해 한 걸음 나아가고 있는 한재원입니다. 전북대학교에서 조경학을 공부하며 도시재생에 대해 간접적으로 알게 되었고, 쾌적한 주거 환경을 만들고, 도시 환경을 개선한다는 도시재생의 의미가 저에게 하나의 관심으로 다가왔습니다. 이렇게 도시재생에 대한 지속적인 관심과 사회적 가치에 대한 마음이 저를 이곳 고창군 모양성 마을로 이끌게 된 구심점이 되었습니다.

주민이 중심이 되는 마을 일을 찾아서….

'수도권, 광역시 아니면 적어도 인구가 많은 시가 아닌 군에서 진행하는 도시재생이야말로 진짜 도시재생이다.'라고 생각하면서, 어떻게 하면 쇠퇴 공간을 재생할 수 있을지 고민하여 왔습니다. 그리고 마음 한구석에는 한편의 기대도 했습니다. 내가 큰일을 해낼 수 있을 거라고 말입니다. 그래서 주민들에게 도움이 되는 일이라 생각되는 사업

---

28) 고창군 모양성 도시재생현장지원센터의 팀장이었습니다. 몇 해 동안 주민들의 무리한 요구를 온몸으로 받아 내고 막아 낸 젊고 책임감 넘치는 젊은이였습니다. 솔직히 제가 겪기 싫었던 일을 이 젊은이에게 미뤘던 적도 있을 정도였습니다. 본인이 느꼈을지 모르겠지만 정말 미안하게 생각하고 있습니다. 결국 저는 센터장 회의를 거쳐 한 팀장을 고창군 도시재생기초센터의 수석팀장으로 발탁했습니다. 최초의 내부 승진이었습니다. 저는 이 젊은이의 미래를 책임져 주고 싶었습니다. 일을 잘하는 것도 잘하는 것이지만 인성이 너무나 훌륭했습니다. 지금은 또 다른 일터에서 일하고 있는데, 세계 또 한 번 좋은 기회가 주어진다면 더 크게 발탁하고 싶습니다.

은 앞뒤 가리지 않고 무작정 달려들었습니다. '내가 하는 일이 이 마을의 주민들에게 무조건 도움이 될 거다.'라는 생각으로 주민들을 찾아다녔습니다. 도시재생 사업에 대해 설명하고 참여와 격려를 부탁드렸습니다. 하지만 좋은 취지의 사업이라도 모든 주민에게 도움이 되는 것이 아니었고, 모든 주민에게 평등하게 도움이 되는 것도 아니었습니다. 도움이 되는 주민도 있지만 그에 반해 피해를 보는 주민도 생기기 시작했고, 도움의 크기가 개인마다 차이가 있어 주민들의 불만이 나타나기도 했습니다. 주민들에게 도움이 되는 일이라 생각하고 진행하는 사업이 또 다른 주민에게는 피해로 나타날 수 있다는 걸 알게 된 후 제가 하는 일에 대해 회의감이 들었던 적도 있었습니다. 도시재생이 정말 사회적 가치를 실현하고 있는 일인지에 대해서 다시 진지하게 고민하게 되었습니다. 혹시나 사업을 추진하면서 잘못된 점이 있었는지 생각하고 또 생각했습니다. 이런 고민을 하며 지금은 도시재생 사업이 진행되기 전 도움을 받는 주민들보다 피해를 받을 주민들을 우선으로 생각하고 행동하고 있습니다. 사업 시행 전 피해가 예상되는 주민들을 찾아가 사업의 취지와 목적에 대해 설명해 드리고 개인적인 방향보다는 전체 마을의 방향에 대해 말씀드리며 이해를 돕고 있습니다. 사실 지금도 바람직한 도시재생 사업의 방향에 대해 수없이 고민하고 있지만 주민들의 삶의 터전인 이 마을이 모두 다 행복할 수 있는 도시재생이 될 수 있도록 고창형 도시재생의 방향을 찾고 있습니다. 저의 고민은 현재 진행형입니다.

웃음, 다가감 그리고 수평적 전문가가 되고자….

도시재생은 정말 다채로운 일이라고 생각합니다. 집수리, 담장, 건축물, 바닥 포장, 재해 위험 시설, 가로등 설치 등 정말 다양한 분야의 업무를 알아야 하며 다양한 사람을 만나고 이해해야 합니다. 그들을 이해하기 위해 늘 웃는 모습으로 사람들에게 다가가며 먼저 인사를 건네는 건 저에게 의무가 아닌 필수가 되었습니다. 다양한 분야의 사람들을 만나며 그들에게 친근하게 다가가기 위해 먼저 미소를 지었고 그 덕분에 업무 효율이 더 빨라졌습니다. 저는 수직적 전문가보다는 수평적 전문가가 되기 위해 지금도 꾸준히 노력하고 있고, '도시재생'이 아니라 '마을 일'이라는 마음으로 내가 모양성 마을의 주민이라는 생각으로 주민에게 도움이 되는 실질적 도시재생이 되기 위해 나아가고 있습니다.

Q 2. 도시재생 중간 조직의 일원으로 주요 연구·관심 분야, 담당 업무는 무엇
입니까?

김소빈

모양성 마을 도시재생현장지원센터에서 사업 홍보와 사무 행정 업무, 마을 재생 기획을 맡고 있습니다. 모양성 마을의 이야기를 널리 알리는 것은 물론, 훗날 누군가 '모양성 마을'을 생각하면 따뜻하고 자연적인 마을의 분위기가 떠오르도록 브랜딩하는 것이 현재 자리에서 꿈꾸고 있는 궁극적 목표입니다. 이렇게 시각 콘텐츠 디자인 전공을 살려서, 평소 관심 많았던 마을 재생과 지역 문화를 현장에서 느끼며, 제가 할 수 있는 것을 기쁘게 하고 있는 지금이 생각할수록 참 좋습니다. 고창이라는 지역에서 사려 깊은 교수님들과 포근한 마음을 가진 이들과 함께 제가 같은 걸음으로 걸어갈 수 있다는 것에 감사함을 느낍니다.

김희수

도시재생의 의의는 '주민이 주도하여 마을을 변화시키는 것'이므로, 이것을 가능하도록 돕는 관련된 모든 업무에 속해 있습니다. 그래도 조금 더 자세히 묘사해 보자면, 크게 세 가지로 분류할 수 있을 것

같습니다.

하나는 주민 교육 프로그램을 기획하는 것입니다. 앞으로 건립될 커뮤니티 센터와 같은 기초 생활 인프라 시설을 안정적으로 경영·관리할 수 있도록 해당 역량을 개발하기 위해서 다양한 교육을 제공합니다. 주민분들의 필요와 수요를 최대치로 반영하고, 사업성 또한 신중히 판단하여 카페, 공방, 게스트 하우스 등의 테마에 적절한 세부 프로그램을 선정하고 있습니다. 둘째는 마을 공동체 활성화를 위한 활동을 지원합니다. 센터에서는 주민 공동체를 조직하고, 이를 결속하는 과정을 통해 성공적인 마을 사업을 도모하는 것에 또 다른 중요한 목표를 두고 있습니다. 따라서 마을 내 관계를 회복하고, 유대감을 형성해 자치 공동체를 구축할 수 있도록 주민 공모 사업과 주민 동아리 사업, 기록화 사업 등 단체성을 지닌 사업을 마련하고 있습니다. 현재는 경제 공동체의 최종 모델인 '모양성 마을 관리 사회적 협동조합' 구성을 위해 관련 컨설팅을 실시하여 설립·인가 과정을 돕는 중입니다. 그리고 마지막으로 당해 연도 사업비 편성, 지출 및 정산 업무 등 센터의 전반적인 예산 관리를 담당하고 있습니다.

서윤희

해당 질문에 답하기 위해 아주 오래전, 센터 지원 당시(2019년 3월) 작성했던 입사 지원서를 꺼내 읽어 봤습니다. 당시 활동 계획서에 이렇게 적어 놓았더군요. 도시재생은 주민, 행정, 다양한 이해관계자가 많은 시간을 두면서 점진적으로 시행해야만 성공할 수 있는 특수성을 가지며, 무엇보다도 주민 참여가 성패의 좌우를 당락하기에 주민들의 이해와 적극적인 홍보를 필요로 한다. 도시재생지원센터의 사무원으로서 주민의 눈높이에 맞는 설명과 온·오프라인 홍보물 제작으로 주민들의 이해를 돕기 위해 최선을 다하겠다." 사실 조금은 놀랐습니다. 도시재생지원센터의 일원이 되기 전부터 내가 어떤 일을 해야 하는지 알고 있었던 것 같았기 때문입니다.

현재는 재생 홍보 부팀장으로 센터 소통 채널 구축(운영)과 대외 홍보 자료 작성, 보도 자료 작성 등 홍보 업무를 수행하며 센터가 보다 잘 알려질 수 있는 방법을 고민하고 있습니다. 물론 홍보 앞에 재생이 붙은 만큼, 도시재생 사업 기획도 하고 있습니다. 기초센터는 현재 저를 포함하여 두 명의 부팀장 체제로 운영되고 있는데, 각자 잘할 수 있는 재생사업을 맡아서 기획과 운영을 담당합니다. 2022년 올해에는 신규 사업 지역 발굴을 목표로 하고 있습니다. 신규 사업 지역 주민들에게 도시재생의 바른 이해를 돕고 관심을 가질 수 있도록 사업을 고민 중입니다.

입사 지원서를 작성했을 당시와 변함없이 제 관심은 지금도 똑같습니다. 어떻게 (홍보) 하면 주민분들이 도시재생을 쉽게, 재밌게 받아들일 수 있을까? 어떤 방법이 통할까? 어떻게 하면 고창이 힙(Hip: 젊은 이들 사이에서 트렌디하고 세련된, '멋'과 같은 의미)해지고 활성화될까?

'그래도 진심 어린 고민으로 다가간다면 주민분들도 도시재생을 받아들이시겠지?' 생각하면서 말이지요.

송진웅

  이전까지 해 오던 '조경 설계'라는 일이 예쁜 도자 그릇을 빚고 굽는 일이었다면, 사람들의 일상이 조금이라도 풍요로워지도록 기여하는 '도시재생'은 밥을 잘 지어 그릇에 담는 일이 아닐까 생각합니다. 소박하고 검소한 그릇을 만들고 나서 그 안에 맛있는 밥을 지어 담고 싶은 마음은 어쩌면 자연스러운 관심의 흐름인지 모르겠습니다. 우리의 삶에 배경이 되는 물리적 환경에 관심이 많으면서도 그 안에 담기는 사회적 풍경, 보통 사람들의 '일상다반사'에도 관심이 많습니다. 흔하게 일어나며 누구나 하는 밥 먹고 차 마시는 일인데도 각자의 특색에 따라 각양각색으로 나타나는 다양한 '일상' 말입니다. 당연하게 여겨 오던 것들이 더 이상 당연하지 않게 된 요즘, 평범한 일상의 소중함은 더욱 각별하게 되었습니다. 이전엔 몰랐지만, 당연하던 것들은 당연히 주어지는 것이 아닌 아끼고 잘 가꾸어야 하는 것이었습니다.

  지금 저는 어떻게 하면 우리의 이웃들이 일상을 가꾸고 회복해 나가는 데 조금이나마 도움이 될 수 있을까 고민하고 있습니다. 옛도심 도시재생현장지원센터의 팀장으로 사업 기획 및 운영에 이르기까지 총괄 업무를 맡고 있는 제 역할에 대한 고민이기도 합니다.

  이런 차원에서 제 역할에 대해서 해야 할 일과 할 수 있는 일을 정리해 보려고 합니다. 그 결과는 다음과 같지 않을까요? '사업지역 내 잠재 요소들을 발견하고 연결해 일상에 새로움을 더하거나 흥미로운 사건이 생길 수 있도록 연계하는 일, 공간의 물리적 공간 변화인 하드웨어 사업에 수민의 의견이 반영되도록 중간 다리 역할을 하는 일, 사업과 사업을 별도로 볼 것이 아니라 연계하고 역량을 집중시켜 사업 성과가 나도록 하는 일, 역량 강화 사업을 프로젝트 기반으로 수행할 수 있도록 기획해 주민의 실질적 성취가 일어나도록 하는 일, 그리고 지속 가능한 주민 공동체의 형태를 함께 만들어 가는 일, 대중과 소통할 수 있는 창구들을 연구하고 억지스럽지 않게 풀어내는 일, 그리고 역할을 인지한 만큼 최선을 다해 실천하는 일.'

최혜미

저는 기초센터 소속으로 현장 센터와는 다르게 고창군 전역을 대상으로 도시재생 사업을 진행하고 있습니다. 주요 업무는 도시재생 교육 프로그램과 참여 프로그램 등을 기획하고 운영하는 일입니다. 처음 고창군에 도시재생지원센터가 만들어졌던 2019년에는 현장 센터가 없어서 기초센터가 현장 센터의 기능도 함께 맡아서 했었습니다. 당시 재생사업의 현장으로 선정된 모양성 마을에는 엔지니어링 회사 주도로 작성된 활성화 계획서가 있었습니다. 다만, 이에 대한 주민들의 이해와 참여가 상당히 낮아 갈등 상황이 계속 발생하고 있었습니다. 이미 사업지로 선정된 지가 한 해가 지났건만 사업 진행이 속도감 있게 이루어지지 못해 국토부나 전라북도 도시재생지원센터로부터 다양한 압박이 들어왔습니다. 이를 해결하기란 쉬운 일이 아니었습니다. 의견 상충, 이해 충돌이 계속해서 발생했습니다. 그래서 이를 해결하기 위한 도시재생 교육에 힘을 많이 쏟았습니다. 또한 조직되어 있는 주민 협의체가 활성화되어 자발적 협의 활동이 이루어질 수 있도록 협의체 아래 다양한 분과를 만드시도록 그리고 그곳에 참여하시도록 주민분들을 꾸준히 설득하였습니다. 무엇보다 다른 곳을 많이 보고 흥미를 느끼시도록 선진지 견학도 진행하였습니다. 효과는 빠르게 나타나지 않았습니다. 이런 중에 또 다른 활성화 계획 후보 지역으로 옛도심 지역에서의 재생사업 준비가 진행되었습니다. 이곳에서는 앞서 발생한 문제가 반복되지 않도록 해야겠다는 생각이 많이 들었습니다. 그래서 사업 지역으로 선정되기 전부터 옛도심 지역의 활성화 계획 수립을 위해 도시재생 교육을 적극적으로 진행할 수 있도록 주민분들을 찾아다니며 설득하기 시작했습니다. 이렇게 주민분들을 일일이 찾아가 만난다는 것은 쉬운 일이 아니었습니다. 하지만 그것이 열매를 맺는 가장 중요한 행동이었을까요? 지금 두 곳에는 현장센터가 만들어지고 주민분들도 너 나 할 것 없이 힘을 합쳐서 참여하고 계십니다.

그 외 사업 지역이 아니더라도 고창 군민을 대상으로 2021년까지 여러 가지 주제로 도시재생 교육을 진행하였습니다. 공모 사업, 공모전 등도 진행하여 보았습니다. 주민뿐만 아니라 현장 센터 직원과 기초센터 직원들의 업무 능력을 향상시키기 위해 직원 역량 강화 교육, 성과 공유 워크숍 등을 진행하여 소통의 공간을 마련하였습니다. 지금 저희 기초센터에서는 2022년 사업으로 고창군의 전략 계획 수립 지역 중 고창군 터미널 일대를 대상으로 도시재생 사업지를 발굴해 보고자 합니다. 2021년도에 맛보기로 전북대학교 학생들을 대상으로 터미널 일대 도시재생 공모전을 진행하였고 올해에는 본격적으로 주민들을 발굴하기 위해 프로그램을 기획 중입니다.

기초센터에서 저는 정해진 업무만 집행하고 있기보다는 어떻게 하면 고창군 도시재생을 활성화시킬 수 있을지 끊임없이 고민하며 프로그램을 기획해 나가고 운영해 나가는 일을 하고 있습니다.

정영하

현재 센터에서 한 가지 일만 집중적으로 하기보다는 다양한 업무를 수행하고 있습니다. 사업 기획과 운영을 할 때도 있고, 센터 홍보나 예산 관련 업무를 하기도 합니다. 그리고 종종 진행 사업 관련하여 주민들의 의견을 수집하기도 합니다. 그래서 이거 하랴, 저거 하랴, 바쁠 땐 급하게 해야 할 일에 치여 업무를 수행하기 어려울 때도 있습니다. 그렇지만 다양한 업무를 다루기 때문에 여러 방면으로 배우는 것도 많고, 다양한 업무 속에 전공, 또는 관심 분야를 최대한으로 살려 일해 볼 수 있어서 정말 재미있다고 할 수 있습니다.

한재원

저는 모양성 마을 도시재생현장지원센터에서 팀장으로 일하고 있습니다. 모양성 마을은 주거지 지원형 도시재생 사업으로 2019년부터 2022년까지 주민이 배우고 만들어 가는 모양성 마을 향교를 목표로 사업을 추진해 나가고 있습니다. 모양성 마을 현장지원센터 팀장으로서 주민 주도 사업이 진행될 수 있도록 주민 참여 사업 및 역량 강화 사업을 운영하고 있으며, 주민들의 올바른 길잡이 역할과 현장지원센터의 원활한 운영을 위해 힘쓰고 있습니다. 노후 주택 정비 사업, 전통 담장 정비 사업 등을 통해 주민들의 주거 환경을 개선할 때는 몹시 보람찼었고, 지금은 자주적·자립적·자치적 활동을 통한 도시재생 사업 효과의 지속성 확보를 위해 주민들을 중심으로 마을 관리 사회적 협동조합을 구성하기 위한 컨설팅을 하고 있습니다.

> **Q3.** 고창군 도시재생지원센터는 2021년 도시재생에 이바지한 공로로 '도시
> 재생 한마당 잔치'에서 최우수상을 수상하였습니다. 여러분께서 참여하
> 며 진행해 왔거나 진행하고 있는 과제 또는 참여 이전이라도 도시재생에
> 영향을 주었던 가장 기억에 남는 일을 소개해 주시기 바랍니다.

김소빈

2020년도 한국공예·디자인문화진흥원이 주관한 '공공 디자인으로
행복한 공간 만들기'의 '라운드어바웃@익산' 사업 담당 현장 코디네
이터로 근무하면서, 도시재생 분야에서의 첫 걸음을 떼었습니다. 그
사업은 익산 중앙 시장에 위치한 공영 주차장의 차량 진출 사고 위
험 감소와 주차장 인근 주민과 상인의 삶의 질 향상을 위해 주차 공
간 개·보수 및 상인 대상 활동 프로그램을 운영하는 사업이었습니다.
당시 디자인과 문화 예술 콘텐츠, 문화 기획 같은 것에만 관심 있었
던 제게 '도시재생'이란 참 낯설고 어쩌면 투박스럽게 느껴지기까지
하였습니다. 줄곧 해 왔던 대로 시각적으로 무언가를 어여쁘게 만들
어 내는 일이 아니라, 딱딱하게 갖춰진 작업 도면과 설계도를 살펴보
면서 거친 공사장을 드나들고, 「익산시 공공 디자인 경관조례」 지방
법과 건축 자재와 조경에 대해서도 어설프게나마 공부해야 했고, 사
업추진 거버넌스를 운영하며, 당해 연도 사업 계획에 맞춰 활동 프로

그램 용역 등을 준비하는 일들이었으니까요. 사업 결과가 담긴 책자도 직접 디자인을 하는 게 아니라 업체에 맡기고 디자인을 확인하는 입장에 서게 된 것도 어색하게 느껴지곤 했습니다. 이렇듯 모든 것이 낯선 도시재생 근무 경험이라 많은 기억이 남은 것일 수도 있겠지만, 사실 하나의 생각이 그 안에 담겨 있어 더욱 짙게 기억되는 것일지도 모릅니다. 그해 여름 장마가 지나고 주차 공간의 공사가 한창 진행되던 중이었습니다. 주차장 바닥 포장 공사가 튼튼하게 잘 마무리되었고, 시장과 맞닿은 구역에 상인분들의 각종 행사 무대 및 휴식 공간을 위한 소광장을 시공하던 작업이 한창이었던 이때 다수의 민원이 발생하였습니다. 소무대와 맞닿은 경사로의 위치로 인한 기존보다 불편해진 통행의 장애, 무대 시공으로 무대 바로 옆에 사는 거주민의 불편, 담장 때문에 생긴 조망권 침해 등이었습니다. 쌓인 민원들을 놓고 수많은 생각이 오갔습니다. 설계가 끝난 후 뒤늦게 참여한 입장의 안일함에 세세한 것까지 미리 생각해 보지 못했고, '마냥 좋다고 한 일들이 그분들에게는 생활 일부분을 빼앗아 버릴 수도 있었겠구나. 내가 이 일을 너무 쉽게 생각했구나.' 하는 회의감이 들었습니다. 어둡고 노후화된 주차장이 변화하면 누구나 당연히 좋아하실 것이라는 사업 계획서의 긍정적인 기대 효과만을 생각하였던 제가 부끄럽게 느껴졌습니다. 제3자로 단순한 생각에 빠져 불편을 겪을 현장 속 몇몇 주민의 입장을 미리 살피지 못한 것에 대한 아쉬움이 강하게 다가왔습니다. 사업이 끝난 후 저희는 떠나지만, 남아 있는 공간과 주민분들의 일상은 그곳에 오래도록 존재할 테니까요. 결론적으로 당시 제게 다가왔던 깊은 생각은 깨달음을 주었습니다. 단순한 입장과 관찰자의 입장으로 현장에 함께하는 것이 아니라 '진짜로 현장 안에서' 살펴보며 지역을 재생하는 사람이 되어야겠다는 생각이 마음에 새겨지던 순간이었습니다.

그리고 고창에서 도시재생을 하면서 빼놓을 수 없는 프로젝트는, 사실 스스로 대단한 일을 해낸 것이 없어서 며칠을 고민해야 했습니다만, 주민분들과 함께 멀리 목포까지 다녀온 선진지 견학을 기획했던 것입니다.

견학 배경은 마을의 거리 축제 운영과 2022년 설립하게 될 '모양성마을 마을관리 사회적 협동조합'의 활성화를 위해서 주민분들과

2022 모양성마을 협동조합 활성화 선진지견학 개요

▶ 고창군 모양성마을 거리 축제 운영 및 마을관리 사회적협동조합 활성화를 위한 국내 선진지 견학
▶ 국내 마을거리 축제 운영 및 협동조합 활성화 우수사례 선진지 현장 방문을 통한 마을관리 사회적협동조합 설립 관련 정보 공유 및 주민교육프로그램 운영방향 탐색 등

1. 일 시: 2022. 06. 08.(수) ~ 06. 09.(목)
2. 대상지역: 전라남도 목포시
   - (대상지) 1897 개항문화거리 등 목포시 도시재생뉴딜사업 활성화 지역
   - (협동조합) 1897개항문화거리 마을관리 사회적협동조합, 건맥1897 협동조합, 꿈바다협동조합, 낭만항구협동조합 등

3. 참여대상: 약 25명 (모양성마을 주민을 포함한 예비 마을관리 사회적협동조합 발기인, 고창군도시재생(현장)지원센터 직원 등 예상)

4. 추진내용: 목포시 내 마을관리 사회적협동조합 등 사업 현장 방문 및 정보 공유

5. 기대효과
   - 선진지 견학을 통한 예비 모양성마을 마을관리 사회적협동조합 운영 방안 모색
   - 주민의 적극 참여가 돋보이는 마을거리 축제 운영사례와 협동조합 선진사례를 벤치마킹하여 원활한 모양성마을 음식테마거리 조성 및 마을축제 기획 및 운영 기대

▶ 견학 대상지에 대한 <사전 주민수요 조사>를 진행하여 주민이 적극적으로 참여할 수 있는 선진지 견학배경 마련.

함께 선진지 견학의 필요성을 느꼈던 것이고, 직접 견학 대상지와 협동조합이 원활히 운영되는 사례를 살펴보고자 기획하고 준비하였습니다. 당시 주민분들과 저희 센터가 함께 고민하고 어려웠던 점이 '마을을 관리해 주는 사회적 협동조합이 설립되면 좋을 것 같은데, 실제로 정말 그럴까?' 하는 의구심이 매우 컸습니다. 그래서 더더욱 주민분들이 원하시는 곳, 원하시는 내용으로 회의에 회의를 거쳐 준비해 나갔습니다. 날짜는 그래도 농사로 너무 바빠지지 않는 초여름의 6월, 빠르게 다녀오자는 주민분들의 말씀에 저희 모양성 현장 센터 팀은 분주히 준비하기 시작했습니다.

2022 모양성마을 협동조합 활성화 선진지견학 운영

1. 2일(1박)간, 16인의 주민 참여자("협동조합 설립에 관심)
   선진지 견학에 적극 참석

2. 선진지 견학을 통해 마을 거리축제 운영 및
   마을관리 사회적협동조합 운영 현장을
   주민이 객관적인 관점에서 사업 현장 탐색

3. 견학 후 협동조합 운영 관련 회의를 진행하여
   주민 간 의견 공유시간 마련

4. 마을 거리축제 및 협동조합 사업소개 현장 브리핑
   : 실제 설립 후 운영되고 있는 협동조합 사업장 방문 및
   마을거리 축제 운영 관계자와 직접 대면하여
   주민과 예비협동조합원들에게 정보 공유와
   운영 컨설팅 기회 마련

▶ 전남형 마을기업 지향, 수평적 마을호텔 운영 <공바다협동조합> 견학

▶ 전어물거리 상인 축제의 성공적 운영사례 <간애1897협동조합> 견학

당일이 되자, 마을을 위한 마음으로 협동조합을 준비하려는 의지가 누구보다도 컸던 총 열여섯 분의 주민이 함께 모였습니다. 고창에서부터 열심히 달려 목포시에 도착해서, 사업지 내외에 자리하고 있는 다양한 협동조합의 관계자분들과 저희 모양성 마을 주민분들이 직접 만나는 시간을 가졌습니다. 모양성 마을 게스트 하우스이자 한옥 체험 시설이 될 「네모모양」 운영, 수평적 마을 호텔 등의 정보에 대한 실질적 컨설팅을 듣기 위해 '꿈바다 협동조합'을 찾아보았습니다. 그 다음은 관광 거리 활성화와 거리 축제가 안정적으로 운영되고 있는 '건맥 1897 협동조합'을 살펴보았습니다. 여기서 모양성 마을 안 '모두의 거리'를 어떻게 꾸려 나가면 좋을지 실제 거리 축제를 운영할 때 참고할 만한 부분은 어떤 것들인지 다양한 부분을 상상해 볼 수 있었습니다. 그리고 지역 특산물을 활용한 메뉴를 개발하여 식당을 운영하고 있는 '낭만항구 협동조합'을 찾아뵙고서 마을 속 거점 시설이 될 '울력터' 안의 식당을 어떻게 운영하면 좋을지 모두가 함께 고려해 볼 수 있었습니다. 마지막으로는 저희와 비슷한 환경에서 설립된 '1897 개항 문화거리 마을 관리 사회적 협동조합'을 찾아가서 설립 시에는 어떤 부분을 집중하여 고려해야 하는지, 설립 후 사업을 운영할 때는 일반적인 협동조합과 다른 특수성이 있는지 등 현실적인 이야기들을 편안한 자리에서 나눌 수 있었습니다. 다양한 협동조합과 사업을 둘러보고, 견학의 마지막에는 주민분들과 모여 앉아 '우리 마을에 사회적 협동조합이 생기면 어떻게 잘 운영해 볼까, 나는 그럼 어떤 것을 해 볼까.' 하는 즐거운 상상을 구체적으로 떠올려 볼 수 있었습니다.

도란도란 우리 마을의 미래를 위해서 이야기하는 시간이 참 포근하게 느껴졌습니다. '이게 바로 재생되는 느낌이구나!' 우스운 생각을 하면서 말이죠.

2022 모양성마을 협동조합 활성화 선진지견학 결과

1. 본 선진지 견학으로, '모양성마을 마을관리 사회적협동조합' 설립의 주민 적극참여 및 현실적 운영에 관련해 진지하게 구상해보고 논의해볼 수 있는 단초가 되었음. 실제 사업 내용에 대하여 운영방안, 관리방안 등을 모양성마을 주민이 직접 살피고 구축하게 됨.

2. 견학 내용을 바탕으로 모양성마을 현장에 협동조합 활성화 선진사례의 적용과 도시재생 사례, 협동조합 운영 시 예상되는 리스크를 미리 살펴보고 조율·관리할 수 있는 계기가 되었음.

3. 견학 이후, 견학 참여자의 적극성 확장으로 약 9인의 사회적협동조합 설립 발기인 확정과 더불어 19인의 협동조합 설립 동의자가 구성되어 <모양성마을 마을관리 사회적 협동조합> 설립이 안정적인 궤도에 올라 진행되고 있음.

선진지 견학을 계기로, 이전에는 갈피를 잡지 못하고 어려웠던 협동조합의 이야기가 술술 풀려 나가기 시작했습니다. 마을 관리 사회적 협동조합의 설립에 주민분들의 참여도가 이전보다 높아졌고, 무언가 의지 또한 단단해진 것 같았습니다. '이전에는 몰랐지만 만약 이런 문제가 일어나면, 우린 이렇게 해야지!' 하는 또렷한 느낌이 느껴졌다고나 할까요. 저희 센터가 나서지 않아도 주민분들끼리 따로 모여 마을에 설립될 협동조합의 구체적인 이야기를 나누고 예상되는 어려움

들에 대한 이야기를 준비해 보기도 하셨습니다. 그러한 변화를 지켜보면서 괜히 제 마음까지 울렁이곤 했습니다. 마을을 향한 주민분들의 마음이 더욱 따뜻해지는 것이 느껴졌거든요. 저는 이렇게 작은 변화와 따뜻한 마음들이 마을에 큰일들을 가져와 줄 것이라 굳게 믿고 있습니다. 현재 저의 가장 큰 바람은, 모양성 마을 마을 관리 사회적 협동조합이 첫걸음마를 떼는 장면에 제가 함께하는 것입니다. 그 장면을 가장 기대하고 있습니다.

김희수

입사 후 3개월이 막 지나갔을 때의 일입니다. "오죽하면 어디든 3개월 수습 기간이라는 게 있겠니. 그래서 신입인 거지." 우스갯소리로 건네는 말들을 위로 삼으며 뭐든지 잘하고 싶은 마음만 앞서던 시절, 새로운 업무와 환경에 적응하느라 정신없이 하루를 꼬박 보내던 와중에 어쩐지 "나 도시재생한다!"라고 당당히 외칠 수 있을 것만 같은 (본인에게는) 중대한 첫 번째 임무를 맡게 됩니다. 하반기에 예정된 주민 교육 사업 중 하나의 프로그램을 도맡아 운영하는 것이었는데, 기획과 관련한 경험이 전무한 탓에 출발점에 쉽사리 서지 못하고 어디서부터 어떻게 시작해야 하는지 막막했던 기억이 납니다. 수많은 온라인 및 오프라인 방면의 조사를 통해 우여곡절 끝에 진행된 '모양성 마을 전통 매듭 교육'은 다양하고 예술성 있는 작품을 탄생시켰으며, 8인의 예비 주민 강사를 양성했습니다. 누군가는 고작 사업 하나 운영한 것으로 영향을 운운한다고 말하지만, 도시재생이라는 거대한 산을 가꾸는 일원으로서 늘어지고 구부러진 나무를 지지하여 곧게 뻗을 수 있도록 이끌어 가는 일에 첫 발자국을 보탠 것이 제게는 가장 선명한 각인으로 여겨집니다.

'아카이빙 사업', 즉 마을을 기록화하는 일을 진행했던 것도 이 주제를 논하면서 빼놓을 수 없는 진귀한 기억 중 하나입니다. 현장지원센터에서 운영하는 다수의 소프트웨어 및 하드웨어 사업을 통해 질 높은 도시재생을 위한 단계를 찬찬히 밟아 가고 있지만, 그 과정은 잔잔한 물결과도 같아서 시각적으로 단기간의 효과를 체득할 수 있는 것이 아닙니다. 주민분들은 물론이고, 이러한 사실을 누구보다도 잘 알고 있는 실무자조차도 가끔은 답답한 마음과 함께 때로는 매너리즘에 빠질 수 있음을 주의해야 하는데, 이렇게 조금은 건조해진 열망을 다시금 가동할 힘을 의외의 곳에서 발견하게 됩니다. 마을의 문화 및 역사와 더불어 이를 포괄하는, '거주하는 이들'을 기록하는 과정에서 말입니다. 주민분들의 일대기가 담긴 인터뷰를 책자로 구성하고 검수하며, 과거의 영광을 뒤로하고 현재의 낙후된 마을에 남은 이들의 이야기를 수없이 읽고 또 읽었습니다. 삶의 기록을 마음으로 접하며 다시금 깨달은 것은 도시재생이라는 것이 역시 막중한 책임을 지녀야 하는 일이라는 것이었습니다. 이곳에서 나고 토박이로 살았던 이들, 타지에서 청춘을 보내고 모종의 이유로 다시 고향으로 돌아온 이들의 기억 속에서 '모양성 마을'의 모습이 망가지지 않도록 다분한 노력이 필요하기 때문입니다. 2021년 한 해를 마무리하며 조촐하지만 아늑한 분위기에서 진행된 '모양성 마을 기록화 사업 전시회'는 여느 때보다 많은 분이 함께해 주셨습니다. 삼삼오오 모여 서로의 사진을 감상하며 웃기도 하고, 과거의 추억을 풀어 내며 그 시절로 돌아가기도 하는 주민분들의 모습을 통해 부끄럽지만, 조금은 시들해졌는지도 모를 저만의 사명감을 되뇌었습니다. 당장 눈에 보이는 성과를 확인하는 것보다, 오늘의 도시재생으로 마을 네트워크를 재연결하고 공동체의 형성을 도모한 것처럼 생을 영위하는 사람을 통한 재생이 우선이 되어야 하며, 더욱 중요하다는 사실과 함께요.

무엇보다 2021년에 기획하고 운영한 '모양성 마을 사회적경제 도시재생대학'은 결코 잊을 수 없는 저의 도시재생 프로젝트였다고 할 수 있겠습니다.

시골 마을에서 사회적경제의 가능성을 꿈꾸다.

어리석은 생각이라고 할지 모르지만, 작년까지의 저는 이 작고 조용한 마을에서 우연처럼 어떤 크고 대단한 일이 대번에 일어날 것이라고 막연하게 믿고 있었습니다. 조금씩 진전되어 윤곽이 드러나고 있는 거점 시설의 모습들, 게다가 이를 위한 주민 역량 강화 교육까지 눈코 뜰 새 없이 진행하고 있었으니 그럴 만도 하지요. 그때가 협동조합과 관련된 도시재생 대학 프로그램을 한 번 정도 마쳤을 때였으니까, 정작 사회적경제 조직을 위한 여정에 겨우 첫 발자국을 떼어 놓고만 보를 걸은 양 천하태평했던 셈이죠. 때마침 사회적경제 조직을 위한 두 번째 교육을 준비하게 됩니다. 그것이 바로 '2021 모양성 마을 사회적경제 도시재생대학'입니다.

시골 마을에서 사회적경제의 가능성을 의심하다.

"아무래도 어렵지 않겠어?"

"설립이 되어도 그 후가 문제지….."

모양성 마을의 자체적인 협동조합을 설립할 예정이라는 계획을 말하면 자연스레 뒤따라오는 위와 같은 말들이 저는 다소 이해가 가지 않았던 것 같습니다. 일단 시도해 보고 말해도 늦지 않을 텐데, 부정적인 단어들이 섞인 우려에 너무 겁을 내는 것이 아닌가 싶기도 했고요. 하지만, 저의 이 안일한 생각들을 변화시킬 의심의 연기가 스멀스멀 피어오르기 시작합니다. 분명히 주민 역량 강화 교육을 통해 거점 시설을 운영할 역량을 키웠다고 생각했는데, 정작 주체적으로 도맡아 운영할 인력을 찾으면? 누구도 없습니다. 정기 회의를 통해 사업 운영의 구체적인 방안을 모색하려고 한다면? 이 또한 명확하게 드러나지 않습니다. 이러한 과정들을 통해 그동안 제가 너무나도 안일했다는 것을 깨닫게 됩니다. 노심초사하며 마을의 사회적경제 조직을 위해, 더 나아가 그들의 지속 가능성을 위해 온 힘을 집중해야 하는데…. 너무도 태평했다는 사실도요. 때문에 예정되어 있던 '2021 모양 성마을 사회적경제 도시재생대학'의 내용을 전면 수정하게 됩니다. 컨설팅을 맡아 주신 김하생 소장님과 함께 방향성을 논의하며, 현재 마을 주민 분들에게 필요한 내용으로만 재구성하는 방식으로요. 기존의 이론 교육을 보다 더 현실적인 협동조합의 실상을 마주할 수 있는 내용으로 구체화하였고, 주민 참여 워크숍을 편성하여 공간 운영에 대한 '진짜' 속마음을 터놓고 공유하는 시간을 마련하고자 하였습니다. 그동안 막연한 질문으로 막연하게 대답했던 식의 소통 말고, 일방적으로 설명하기만 했던 우리의 계획 말고, 주민분들만의 이야기를 청취하고 싶었습니다.

2021 모양성마을 사회적경제 도시재생대학 결과

1. 마을관리 사회적협동조합의 이해
 - 사회적경제 조직에 대한 기초적 지식 이해 뿐 아니라, 마을의 현재 상황 및 문제점 인식 완료
2. 마을 내 거점시설 운영방안 및 추진전략 도출
 - 거점시설 별 마을조합이 할 일, 주민의 역할 등 구체적 방안 모색, 논의를 통한 주민의견 기록 및 제안
3. 실제적인 사회적경제 조직으로의 연결
 - 해당 교육과 연계하여 2022(현재) 마을관리 사회적협동조합 설립 인가 과정 진행 중, 창립총회 예정

| 워크숍 진행(1조) | 워크숍 진행(2조) | 수료장 수여 | 교육 마무리 |

시골 마을에서 사회적 경제의 가능성을 찾다.

 4회의 교육은 의미 있었습니다. 저뿐만 아니라 주민분들도 협동조합 설립의 막연한 짐작만 하고 계셨던 것 같습니다. 설립 준비 단계부터 시작하여 실질적인 조합 운영 시 처할 수 있는 현실적인 어려움을 듣는 동시에 탄식하기도 하시고, 그 해결 방법에 대해서 열의적인 모습으로 되묻기도 하셨으니까요. 주민 워크숍을 진행할 때는, 전지를 펼쳐 두고 큰 글씨로 쓰여 있는 사업의 종류에 자신만의 운영 방안을

포스트잇으로 빼곡히 써 붙이기도 하였습니다. 그동안 미처 듣지 못했던 다양하고 참신한 아이디어를 차례대로 설명하는 주민분들의 모습을 보며 들었던 의심의 연기가 조금은 잦아들었을지도 모르겠습니다. 그렇다고 하여 다시금 전처럼 막연하게 그 가능성을 꿈꾸게 된 것은 아닙니다. 완전한 마을의 사회적경제 조직을 위해 아직 갈 길이 멀다는 것을 알고 있기에, 가능성을 찾아간다는 표현이 적절하겠죠. 지금 설명한 교육이 벌써 작년 일이고, 현재 모양성 마을은 마을 관리 사회적 협동조합 설립을 위해 창립총회를 목전에 둔 상황이니 그 가능성의 방향이 어느 정도 올바르게 뻗어 나가고 있는 것이겠죠? 그사이에 꽤 많은 계획의 차질과 적지 않은 설왕설래가 있었지만, 이 또한 건강한 사회적경제 공동체를 정립하기 위한, 필수불가결한 과정이라고 생각됩니다.

이렇게 서로 배우고 나누는 모임이 삶의 거울이 되어 마을분들의 마음이 하나가 되고, 실제로 담장 정비 사업을 진행할 때도 공사 도중 발생한 문제를 주민분들의 입장에 서서 함께 해결할 수 있었던 경험, 마을 꾸미기 사업으로 노후된 담벼락을 보수하여 마을 경관을 개선해 나가던 경험 등 도시재생 안에서 겪었던 유의미한 기억들이 셀 수 없이 생각납니다. 이렇게 한 마을을 재생하고자 하는 주민분들과 실무자의 노력이 모여 선한 에너지를 만들어 냈기에 그해 가을 도시재생 한마당 잔치에서는 최우수상의 영예도 얻었습니다.

서윤희

  센터의 초석을 다졌던 1년 차부터 현재의 조직이 되기까지 정말 많은 에피소드가 있었지만, 가장 기억에 남는 일(사업)을 꼽자면, 제가 1년 차 때 진행했던 주민 참여 사업입니다. 당시 센터가 지금처럼 알려지지 않았던 시기, 어떻게 하면 센터를 알릴 수 있을까 고민하며 고창군의 지역적 특성(인구 구성)을 조사했던 기억이 납니다. 고창의 구성원 중 육아로 경력이 단절된 여성분들에게 주목했고, 그분들이 활력을 찾을 수 있는 사업을 기획하였습니다.

  클래스를 통해 주민분들의 역량을 강화하고, 만든 공예품을 주민분들이 플리 마켓에서 직접 판매하여 성취감을 느낄 수 있는, 그와 동시에 도시재생의 가치를 관내에 알릴 수 있는, 그런 일련의 프로젝트였는데, 어리숙한 사회 초년생이었던 저에게 많은 배움을 줬던 사업이었습니다. 당시 센터를 찾아 주신 주민분께 어떤 클래스가 열리면 좋을 것 같냐고 수요 조사를 하였고, 관내에서 활동하시는 예술가분들을 한 분 한 분 찾아뵈어 섭외하였습니다. 그때가 여름이었는데, 당시 차가 없어 뚜벅이로 섭외에 나서 강사님들을 모두 섭외하고 먹었던 아이스크림이 참 달았던 기억이 선명합니다. (웃음) 센터가 알려지지 않던 시기에 운영한 사업이다 보니 홍보에 공을 많이 들였습니다. 관내 구석구석 주민분들이 닿을 곳에 포스터를 붙이며 돌아다녔고, 다양한 채널을 총동원하여 홍보했습니다.

2개월은 클래스를 운영하고, 그 덕에 센터에 방문하시는 주민분들이 많아졌습니다. 저희도 축제를 준비하느라 정말 바빴지만, 플리 마켓에 참여하시는 주민분들도 판매할 공예품을 만드느라 정말 바쁘게 보내셨죠. 플리 마켓을 앞두고 일주일은 거의 야근의 연속이었던 것 같아요. (웃음) 플리 마켓 역시 기존에 관내에서 진행하던 축제와는 다른 방향으로 젊고, 신선한 느낌을 주고 싶었습니다. 청년, 청춘이라는 콘셉트로 관내 청년 공동체(고창 청년벤처스) 회의에 찾아가 협업 제의도 했습니다. 청년 사업가들 앞에서 협업 제의를 할 때 얼마나 떨리던지요. 감사하게도 청년 공동체와의 협업도 이루어 내고, 청년 셀러분들도 직접 섭외하고, 고창 군민분들께 어렵고 낯선 도시재생을 쉽게 알릴 수 있는 프로그램도 기획하며 정말 바쁜 한 달을 보냈습니다.

기대 반 걱정 반으로 열린 축제는 성황리에 마쳤습니다. 생각보다 훨씬 많은 분이 찾아 주셨고, 덕분에 센터와 도시재생을 관내에 알릴 수 있었습니다. 고창에 연고가 없던 저희에게 정말 많은 인연이 생겼고, 그 인연들이 쭉 이어져 고창만의 도시재생이 이루어지는 데 도움이 되었습니다. 그리고 저 개인적으로는 고창과 도시재생에 애착을 가질 수 있었던 사업이었습니다. 장장 5개월 동안 사람의 마음을 사는 방법, 컨펌을 부르는 방법, 협업과 협치를 이끄는 방법, 홍보, 각종 서류 작업, 컴플레인에 대처하는 방법 등 글로 다 담기 어려운 배움을 준 일이었으니까요.

누군가가 저에게 도시재생이 뭐냐고 물으면 "글쎄요."라고 답하곤 합니다. 하지만 사회 초년생일 때 운영했던 이 사업으로 이제는 도시재생을 '주민과 함께, 흑백의 쇠퇴된 구도심을 생기롭게 다시 칠해 가는 것'이라고 정의할 수 있게 되었습니다. '주민분들의 활동이 하나둘 모여 지역을 생기롭게 하는구나!'라는 것을 몸소 느꼈기 때문이지요.

정영하

한 가지 딱 떠오르는 사업은 없지만, 모든 사업을 진행할 때 공통적으로 느끼는 것이 있습니다. 바로 주민들이 보여 주는 지역에 대한 애착심입니다. 저는 주민들에게서 지역에 대한 애정이 있음을 느낄 때마다 옛도심 지역의 '재생'은 이 지역 주민들을 위한 '재생'으로 제대로 해내 보고 싶다는 생각을 하게 됩니다. 그런 생각이 들게 했던 일을 하나 이야기해 보자면, 도시재생대학에서 테마 골목 사업에 대해 공유한 적이 있었습니다. 그런데 제가 조사한 것과 주민분들께서 알고 계셨던 테마 골목의 위치가 실제 있었던 위치와 다르다며 크게 반발하셨습니다. 사실 그때 저는 살짝 주눅이 들 뻔했습니다. 잘하려고 한 것인데 거의 야단맞는 느낌(?), 괜히 했나 싶은 느낌(?), 이런 생각이 들기도 했습니다. 하지만 우리 고창군 도시재생지원센터 센터장님의 커다란 격려 속에 자신감을 갖고 다시 도전하면서 주민분들과 실제 위치를 찾는 활동을 진행했습니다. 실제 위치를 찾다가 추억을 회상하며 신나게 옛날이야기를 해 주시던 주민분들의 표정은 그 어느 때 보던 모습보다 즐거워 보였습니다. '아~ 이렇게 표정이 완전히 바뀌시다니!' 그런 모습을 보니 옛도심 지역을 주민들과 함께 가치 있게 만들어 보고 싶다는 생각이 다시 들었고, 내가 이곳에서 해야 할 일이 무엇인지 또 한 번 생각해 보게 되었습니다. 그렇게 만들어 낸 옛도심 지역 스토리북 제작은 제게 주어진 상상 그 이상의 프로젝트였습니다.

2021 옛도심 골목길 스토리북 제작 개요

1. 사업명: 2021 옛도심 골목길 스토리북 제작

2. 사업목적: 옛도심지역 테마 골목길 조성사업 추진을 위한 숨겨진 이야기 발굴 및 지역 재발견

3. 사업기간: 2021. 09. ~ 2021. 10.

4. 주요내용
  - 1부 : 옛도심지역 내 골목길 스토리 발굴 및 수집(인터뷰)
  - 2부 : 아카이빙의 이해와 다양한 기록 교육(삽화, 사진 등)
  - 최종 결과물 제작 : 골목길 스토리북, 영상

5. 사전 설명회 진행: 인터뷰 진행 전 사업의 목적과 방향에 대해 설명하여 인터뷰가 원활하게 진행될 수 있도록 독려

사업설명회(1)

사업설명회(3)

사업설명회(4)

여전히 옛 골목들을 생생하게 기억하며 각자의 옛날을 회상하는 주민분들을 보고 있으니 그 추억을 함께 나누고, 기억할 수 있으면 좋겠다는 생각이 들었습니다. '2021 옛도심 골목길 스토리북 제작' 사업은 그러한 것들을 담아내 보자는 취지로 기획하게 되었습니다.

2021 옛도심 골목길 스토리북 제작 운영

1. 골목길 스토리 수집
- 운영기간: 2021. 09. 02. ~ 2021. 10. 중
- 참여인원: 8명
- 진행방법: 수의계약
- 주요내용: 주민 인터뷰를 통한 옛도심지역 골목길 스토리 수집 및 기록, 영상촬영

사진1. 골목길 스토리 수집

2. 아카이빙 교육
- 교육기간: 2021. 10. 05. ~ 2021. 10. 14.(매주 화, 목)
- 참여인원: 10명
- 교육방법: 아카이빙(글, 그림) 관련 강의, 주민 실습형 교육

사진 2. 아카이빙 교육

먼저 옛날의 추억을 많이 가지고 계신 분들을 수소문하여 골목길 스토리를 수집하였습니다. 그리고 이후에는 수집된 과거의 이야기들을 바탕으로 현재 골목을 돌아보고, 각자의 시선에서 비롯되는 다양한 골목의 모습을 글과 그림으로 표현해 보는 교육을 진행하였습니다. 교육에서는 아카이브의 중요성에 대해서도 짚고 갔었죠.

2021 옛도심 골목길 스토리북 제작 결과

1. 스토리북 제작
- 참여자: 총 18명
- 주요내용: 고창군 옛도심지역 테마골목 관련 스토리, 아카이빙 교육 실습 결과물 수록

2. 영상 편집물 제작
- 참여자: 총 18명
- 주요내용: 테마골목 관련 주민 인터뷰, 아카이빙 교육과정 하이라이트 영상 수록

3. 결과공유회
- 참여자: 총 17명
- 주요내용: 그림 및 사진 전시, 사업 경과보고, 스토리북 및 영상 감상, 토크타임

고창군, 옛도심지역 골목길 이야기 담은 스토리북 제작

[고창=뉴스1] 박재경 기자 | 2021-11-01 10:34 송고

news1

결과적으로 주민들의 옛 추억과 아카이브 교육 과정이 담긴 영상 편집물 1편, 글로 정리된 스토리북이 제작되었습니다. 이것을 가지고 책거리를 하던 날, 얼마나 많은 주민분이 기쁨과 감동의 눈물을 보이셨던지…. 이러한 사업을 통해 제작된 기록물들은 앞으로 평생 기록으로 남게 될 것입니다. 세월이 지남에 따라 골목길은 조금씩 변화되었지만 기록을 통해 다음 세대, 그다음 세대에도 물려주어 과거와 미래가 공존할 수 있는 공간이 될 수 있을 것이란 바람을 가져 봅니다.

2021년에 수상한 상은 저희가 3년 동안 진행해 왔던 모든 사업에 대해 잘해 왔다고 칭찬해 주는 상으로 느껴졌습니다. 2019년도부터 주민들에게 필요하다고 생각되는 교육과 프로그램을 진행하여 앞으로 자립해야 하는 주민들의 역량을 최대한 끌어내고자 직원, 주민 모두 함께 노력해 왔습니다. 그중 해마다 가장 기억에 남는 사업을 이야기해 보려 합니다.

2019년에는 모양성 마을과 함께한 도시재생학당이 기억에 남습니다. 저희 센터가 들어오면서 말도 많고 탈도 많았던 적응기를 거쳐 모양성 주민들과 처음으로 함께했던 교육입니다. 1교시는 특강, 2교시는 워크숍 형태로 열렸는데 가장 기억에 남는 건 특강보다는 워크숍입니다. 주민 협의체의 분과가 명확하지 않았고 활성화되어 있지 않아 주민들과 소통을 하며 주민 협의체를 뚜렷하게 설립하기 위해 워크숍 과정을 저와 서윤희 선생님이 직접 진행하였습니다. 이러한 과정을 거치며 저는 도시재생에 한 단계 더 성장할 수 있었고 주민들에게도 한 발짝 더 다가갈 수 있었습니다. 그 이후로 현장지원센터가 생기면서 현장에 관한 교육은 모두 일괄하여 진행하였지만 저에게는 모양성 마을과의 교육이 처음이었던 도시재생학당은 잊지 못할 사업입니다.

2020년에는 서포터즈를 운영했던 사업이 가장 기억에 남습니다. 그해에는 고창군 도시재생지원센터를 많이 알리는 게 목표였습니다. 많은 홍보 방법 중 고창군 도시재생 서포터즈를 만늘어 고창군 성년들과 함께 도시재생 활동도 하고 고창의 숨은 이야기도 발굴하고 도시재생의 새로운 아이디어도 들어 보고자 서포터즈 사업을 진행하게 되었습니다. 2020년도에 코로나(COVID-19)가 발생하면서 많은 활동을 하지 못해 아쉬움이 많이 남기도 합니다만, 서포터즈와 함께했던 결과물 중에 고창 도시재생 서포터즈가 소개하는 고창의 명소+맛집 지도를 만들었는데 저에게 있어 만족스러운 결과물 중 하나랍니다.

2021년에는 주민들과 함께한 사업도 물론 너무 좋았지만 직원 역량 강화 교육을 처음 진행하게 되면서 직원들과 많은 소통을 함께할 수 있어서 가장 기억에 남는 사업으로 뽑았습니다. 직원들이 새로 바뀌면서 도시재생 사업을 운영하는 데 있어서 어려움을 겪고 있었습니다. 또한 한 공간에 3개 센터가 함께 있지만 서로의 사업에 있어서 어떤 어려움을 겪고 있는지, 배울 점은 무엇인지 공유되지 않았습니다. 그래서 교육을 통해 역량도 강화하고, 타 지역 현장도 답사하고, 무엇보다 어떤 어려움을 가지고 있는지 함께 고민해 볼 수 있는 시간을 가지고자 하였습니다. 교육 내용도 실무적으로 도움이 되길 바랐습니다. 결과적으로 직원들과 소통도 많이 하고 현장에 어떤 어려운 점이 있는지 교육을 하러 오신 강사님들과도 같이 고민을 해 보며 해결책을 함께 찾아볼 수 있는 시간이었습니다.

한재원

일단 모양성 마을 도시재생 뉴딜 사업에 많은 관심과 응원을 보내주신 전국 도시재생 관계자, 도움을 주신 수많은 분께 감사하다는 말을 전합니다. 모양성 마을 도시재생 사업은 '주민이 배우고 만들어 가는 향교'라는 이름으로 2019년부터 2022년까지 진행하는 4개년 사업으로 저는 2020년 후반기부터 사업에 참여하여 왔습니다.

제가 참여한 사업 중 가장 기억에 남는 사업으로는 첫째, 최선을 다했던 사업과 둘째, 내가 행복했던 사업으로 나눌 수가 있습니다. 최선을 다했던 사업은 노후 주택 정비 사업으로 사업지 내 노후된 집을 정비하는 것이었습니다. 도시재생 사업 중 주민들에게 실질적으로 도움이 될 수 있는 사업으로 주민들에게 공정하게 또 보다 도움이 될 수 있게 사업을 진행하고자 많은 고민을 하였습니다. 그 당시 노후 주택 정비 사업에 대한 가이드라인이 전무하여 어려움이 있었지만 비슷한 사업을 진행했던 여러 지자체를 찾아가 자문을 하고 주민들이 더 쉽게 사업에 참여하고 효율적인 사업이 될 수 있도록 먼저 고창의 자체적인 사업 지침을 만들었습니다. 누구 하나 소외되지 않도록 밤낮을 구분하지 않고 마을 내 모든 가구를 직접 방문하여 사업의 목적과 취지를 설명하며 신청자를 받고, 전문가, 주민, 행정을 중심으로 선정위원회를 조직하여 선정 기준에 따른 사업 참여자를 정하고, 주민이 직접 시공업체와 계약, 집수리 계획 수립, 공사 관리 감독 등 작성해야 하는 어려움이 있어 '맞춤형 집수리 교육'을 계획하여 서류작성 방법과 각 현장을 방문하여 맞춤형 컨설팅을 진행하였습니다. 송 40가구 사업을 진행하면서 다양한 어려움이 있었는데 모든 어려움을 오직 주민의 입장으로 해결할 수 있도록 이리저리 뛰어다녔고, 주민들에게 더 도움이 될 수 있도록 모든 서류를 검토하고, 공사 현장을 일일이 찾아가 주민들의 요구 사항에 맞게 사업이 진행되고 있는지 확인했습니다. 마지막으로는 이 모든 과정을 기록하기 위해 책자와 영상을 제작하였습니다. 이처럼 노후 주택 정비 사업은 주민들에게 더 도움이 될 수 있도록 최선을 다했던 사업이었습니다.

두 번째로 행복했던 사업은 주민 교육 프로그램입니다. 마을 내 커뮤니티 센터 운영을 위한 카페, 식당, 공방 등의 카테고리를 중심으로 분야별 관심 있는 주민들을 모집하여 운영한 교육 사업이었습니다. 교육을 준비하는 과정이나 교육을 하는 시간도 유익했지만 제가 행복했던 사업으로 이야기를 꺼낸 이유는 교육이 끝나고 참여하신 주민들끼리 모임도 하시고 음식도 나누시고 하는 공동체가 형성되었기 때문입니다. 교육 프로그램 참여 전에는 이름도 나이도 몰랐던 분들이 교육 프로그램을 통해 서로 소통하고 마을에 속한 주민이라는 소속감도 생겼습니다. 최근에 '올바른 도시재생이란 뭘까?'라는 의문을 가지고 있는데 어쩌면 사업이 끝나 센터가 없어지더라도 지금처럼 주민들끼리 공동체를 형성하고 서로서로 알아 가며 모양성 마을에 속해서 즐거워하는 이 모습도 그중 하나이지 않을까 생각합니다.

사실 도시재생(현장)지원센터에서 혼자 할 수 있는 일은 없습니다.

저희는 환경을 만들 뿐 행동하는 건 주민입니다. 주민들이 즐겁고, 행복한 도시재생을 위해 저희는 오늘도 달립니다.

Question 4. 우리 사회에 끼치게 될 영향은?

Q 4. 이러한 활동, 마음가짐, 경험 등이 앞으로 관련 분야 또는 우리 사회에 어떠한 영향을 주게 될 것이라 생각하십니까?

김소빈

'도시재생'이란 단어를 들으면 한 장면이 떠오릅니다. 애정을 가지고 지역을 찾아오는 사람들이 모여 따스한 눈빛으로 지역 사람들과 그곳을 이전보다 '더욱' 살기 좋게 가꾸고 지내며 이웃이 된 사람들에게 다시 건네주고 살포시 떠나는 장면이 떠오릅니다. 이렇듯 제게 도시재생은 결국 남아 있을 이웃들을 위한 일입니다. 도시재생이라는 매개체를 통해 궁극적으로 소외 없이 지역 곳곳의 가치가 빛나는 사회가 되기를, 고창에 애정을 가지고 찾아온 센터와 저희의 모든 활동이 사회에 그러한 영향으로 닿아 물들어지길 희망합니다. 도시재생으로 하여금 작게는 지역에 대한 가치를 찾아내고 빛을 부여하며, 크게는 발전 수준과 상관없이 지역을 바라보는 눈빛이 평등한, 애정이 만연하기를 꿈꿉니다. 여기는 이래서 좋고 저기는 이래서 좋다며 '오롯이' 좋아서 스스로 선택한 지역으로 찾아가는 사람들의 모습과 그런 것이 당연한 사회를 상상합니다. 새해마다 울려 퍼지는 *"May all we have a vision now and then Of a world where every neighbour is a friend.*[29] "라는 노랫말처럼, 모든 사람이 서로를 이웃 친구처럼 따뜻하게 바라보는 세상이 더욱 빨리 다가오기를 바라는 마음으로 현장 속에서 그날을 기다리렵니다.

김희수

도시재생의 한 단면에 매우 밀접하게 속해 있는 사람으로서 그것의 바람직한 완성을 이루기 위하여 행했던 일련의 노력을 통해 수많은 경험을 수집하게 됩니다. 이러한 것들을 다양한 유기체가 얽혀 있는 사회의 관점에서 조망해 본다면, 개인 또는 작은 조직의 움직임은 다소 미약하게 보일 수 있을 것입니다. 끝이 보이지 않는 광활한 공간의 총체 속에서 인간은 그저 까만 점보다도 작고 작은 먼지와도 같을 테니까요. 하지만 귀여운 참새와 그 옆의 푸릇한 들꽃을 떠올려 보면, 그들에 비해 인간은 너무나도 큰 존재임이 틀림없습니다. 인간은 매우 상대적인 동물이기 때문에, 우리에게 닿는 모든 것을 꽤 적절한 거리 감각을 활용하여 인식하게 됩니다. 이와 같은 원리를 적용한다면, 도심 곳곳에 존재하는 도시재생지원센터를 타고 온 마을을 부유하는 재생의 숨결 또한 작은 도시를 꽤 떠들썩하게 만들 수 있는 활력을 지녔음을 확인할 수 있습니다. 일상에서의 소소한 행위부터 시작하여 이로 인해 탄생하는 재생의 흔적들이 차곡차곡 쌓여 덩어리가 되는

---

29) ABBA-Happy New year

과정을 거듭한다면, 언젠가는 우주 속 세계를 호령하는 장엄한 무언가의 영향력을 닮아 있지 않을까요?

다른 건 몰라도 그 거대한 영향력의 원천이 되는 것은 도시재생 속에 녹아 있는 '애정'일 것입니다. 그들의 편의를 가장 우선으로 위하는 것, 그리고 실망을 주지 않으려 애쓰는 태도에서 그것이 도시재생에서의 필수불가결한 요소라는 사실이 확연히 드러납니다. 인물에 대한 애정을 기반으로 한결 나은 공간을 조성하기 위한 노력들을 결집하는 형태의 상호 작용을 통해 우리는 새로운 방식의 사랑을 직조합니다. 화려함의 이면에 존재하는 것과 보폭을 맞추어 삶의 건설적 재생을 이룩해 가는 과정을 체감하며 지역사회는 과거와는 다른 양상을 갖춘 채 변화할 것이고, 발전의 사각지대에 놓인 이들에게 지속 가능한 애정을 지원하는 것에 대한 필요성과 그 방법을 다시금 깨우칠 것입니다. 이처럼 도시재생이 지역의 균형적 복원, 더 나아가 사회적 차원에서의 공동체 회복에 이바지할 것을 의심치 않습니다.

서윤희

이런 말씀을 드리기는 조금 조심스럽습니다만, 도시재생이라는 사업의 연속성이 조금은 불안한 시기입니다. 하지만 도시재생 사업으로 일궈 낸 주민분들의 활동은 주민분들의 마음속에 오래 자리할 것입니다. 누군가에게는 우리 지역(마을)에 애정을 갖게 된 계기가 되었을 것이고, 또 누군가는 삶의 활력을 찾아 줬을 것이고, 또 누군가는 도시 재생 사업을 통해 낯설게 느꼈던 우리 마을에 정착한 계기가 됐을 것이니까요(이는 실제로 제가 소식지 인터뷰를 진행하며 들은 것입니다).

"예쁘고 잘난 나무들은 모두 베어 가고 구부러지고 못생긴 나무가 선산을 지켜."라고 하신 마을 주민분의 말이 떠오릅니다. 지역을 지키는 건 구부러지고 못생긴 나무입니다. 도시재생 사업은 예쁘고 잘난 나무를 위한 사업이 아닌 구부러지고 못생긴 나무를 위한 사업이라는 생각이 듭니다. 지역을 지키는 사람들이 계속해 지역에 애정을 갖고 관심을 갖도록요. 그렇게 지역에 애정을 느끼는 한 사람 한 사람이 모이는 것만으로도 많은 변화가 있다고 생각합니다. 그리고 또 이런 생각입니다. 구부러진 덕에 햇살이 고루 들어올 수 있고, 그래서 그 사이로 또 다른 나무가 자라날 거라고요.

정영하

센터에서 진행하는 활동들은 이 지역에 활력을, 지역 주민들에겐 행복과 여유를 느낄 수 있는 긍정적인 가치를 창출해 낼 것입니다. 그렇지만 센터에서의 사업 성과는 건물이 지어지는 것처럼 바로 눈에 보이는 것이 아니기 때문에 때때로 주민들도 사업에 참여하는 것을 어려워할 때가 있습니다. 센터의 교육 프로그램, 또는 소소하게 지역을 위해 자꾸 모이는 것, 이야기 나누는 것 자체가 결과적으로 옛도심 지역을 이끌어 갈 사람을 재생시킬 것이고, 그 사람들이 지역을 재생시키게 될 것이라고 생각합니다.

최혜미

도시재생은 마을을 사랑하고 아끼는 마음들이 모여 조금은 노후화되고 결속력이 떨어졌던 마을에 다시 활기를 불어넣어 주는 과정이라고 생각합니다. 주민들이 교육, 마을 꾸미기, 공모 사업, 스토리북 등 다양한 사업에 주인공으로 참여하며 마을을 다시 한번 돌아보고 마을의 미래를 바라볼 수 있는 기회의 시간이기도 했습니다.

이러한 경험을 통해 주민들이 마을을 더 아끼고 사랑하는 마음이 커져 많은 관심을 주게 된다면 마을 내 주민 공동체가 조금 더 활성화되고, 꺼져 가던 활기가 다시 차오를 것이라 기대합니다. 저 또한 도시재생 종사자로서 제가 살고 있는 지역에 더 관심과 애정을 가지려고 합니다. 이렇게 한 사람 한 사람이 지역, 마을에 관심을 가지는 것만으로도 많은 변화를 일으킬 수 있지 않을까 조심스레 생각해 보았습니다.

한재원

현재 도시재생 사업이 활발하게 진행되었거나 진행된 곳은 사업의 과정이나 결과를 떠나 사업을 통해 지역 주민들끼리 소통하고 공동체를 형성하고 협업하며 결과를 도출했던 직·간접적인 경험들을 통해 본인들의 작은 활동들이 지역사회에 다양한 영향을 끼친다는 것을 알고 있을 것입니다. 힘이 없어서, 나이가 많아서, 몸이 아파서, 아는 사람이 없어서 등의 이유와는 상관없이 어렵게 느껴졌던 사회적 활동이 생각보다 더 쉽고 간단한 활동이라 생각할 것입니다. 따라서 사회적 가치와 함께하는 '같이'의 가치에 대해 직접 보고 느끼신 분들이라면 도시재생의 연구와 활동에 좀 더 적극적으로 동참해 주실 거라 생각합니다, 지역사회를 위해 무언가 할 수 있다는 걸 알고 계시는 분들에게 도시재생은 생각보다 간단하고 어렵지 않거든요.

  지역의 사회적 거리가 점점 줄어들고 있는 요즘, 도시재생은 지역에 거주하는 주민들을 중심으로 지역을 활성화하고 도시 경쟁력을 높여 지역에 대한 애착을 재고하고 자부심을 고취하고 있습니다. 도시재생을 연구하고 활동하는 한 명의 전문가(교수, 연구원, 센터 직원 등)가 수백 명의 지역 주민에게 영향을 주고, 지역 주민들도 생활권 내의 다른 주민들에게 영향력을 주며 지속적인 영향력의 확대로 선한 지역사회가 되지 않을까 생각합니다. 지금은 보이지 않을 수 있습니다. 그러나 꾸준히 활동하는 다양한 전문가분들이 계신다면, 사람에 따라 영향의 크기는 다를 수 있지만, 결국은 그 선한 영향력이 사회적 가치에 대한 전반적인 인식을 향상시킬 거라 생각합니다. 한번 생각해 보세요. 전세계 사람이 사회적 가치에 대해 인지하고 있다면, 내가 할 수 있는 작은 행동이 사회에 선한 영향을 나눌 수 있다면 어떠한 변화가 나타날지 말입니다. 상상만 해도 즐겁습니다.

Question 5. 바로잡고 싶은 것은?

Q 5. 도시재생을 해 오면서 겪었던 일들(좋기도 했고 나쁘기도 했던)은 있었나
요? 그러한 일들 안에서 "꼭 이것만은 바로잡고 싶다."라는 것이 있었는
지, 만약 있었다면 그것이 현재 어떻게 변화되고 있는지 이야기해 주실
수 있을까요? 아니면 적어도 "이것은 어떻게 고쳐지면 좋겠다."라고 생
각하는 바가 있을까요?

○○○ [30)]

제가 생각하기에 저 스스로 도시재생이란 분야를 완전하게 이해하
고 알게 되기까지는 아직 한참 남았지만, 그럼에도 불구하고 현장에
함께해 오면서 아쉬웠던 부분을 꺼내 드려야 한다면, '일시적인 도시
재생의 한계'적인 부분들을 이야기하고 싶습니다. 일반적인 도시재
생 현장의 사업 기간이자 현장 센터가 운영되는 햇수는 대부분 최장
5년 정도 되더라구요. 5년이라는 시간은 긴 시간일까요? 저는 아니라
고 생각해요. 도시재생을 하나의 프로젝트로 바라보았을 때는 그 시
간이 길게 느껴질 수 있겠지만 남아 있을 사업지와 주민들, 어쩌면 그
곳에서 평생을 살아가실 그들에게 5년이란 아주 짧고도 빠른 시간일

---

30) Question 5와 관련된 답변은 비실명으로 처리하고자 합니다. 물론 유추하면 누가 누군지 알
수도 있겠지만 바른 지적을 했음에도 이런 것을 트집 잡는 것이 세상이기에 저는 조금이라도
저와 함께한 젊은 동료들이 다치지 않도록 감출 수 있다면 살짝이라도 감춰 주고 싶습니다.

것 같습니다. 언젠가 변화시킨 도시 혹은 마을을 지속하지 못하고, 그렇게 재생의 연속성을 놓아 버리고 떠나는 일은 생각만 해도 도시재생의 책임이 있는 사람으로서 마음 한편이 뻐근해져 오곤 합니다. 누군가는 남아 계실 주민들 스스로가 유지 및 관리하면 된다고 제게 말하지만, 마을 속에 있어 보니 그것도 쉬운 일은 아니라 생각했습니다. 의욕이 많은 누군가, 더욱 솔직하게는 보상을 바라지 않고 마을을 위하여 평생을 살아갈 수 있는 누군가가 있어야만 겨우 긍정적인 방향으로 재생이 연속될 수 있겠다는 생각이 들곤 했어요. 예산적인 부분이나 전국 현장센터의 개수를 생각하면 어려워지는 문제겠지만…. 그래서 저는 주민에게 짧은 재생 기간을 현실적으로 충분히 이해할 수 있지만, 그럼에도 아쉬웠던 점을 이야기하자면 이런 부분이 있었다고 조심스레 전하고 싶어요.

○○○

현재의 도시재생 정책은 평가와 관련된 기준에 약간의 모호함이 적용되어 있습니다. 도시재생 사업이 마무리된 후 성과의 정도를 평가하는 과정을 살펴보면, 이 한 번의 평가로 과연 도시재생으로 이루어지는 많은 내부적 요소를 판단할 수 있을지 의문이 듭니다. 그 이유는 대부분의 평가 항목이 사업비에 치중되어 있기 때문인데, 이는 현장에서 활동하는 실무자에게 큰 딜레마를 안겨 주게 됩니다. 도시재생의 질적인 우수성을 위해 주민들과 끊임없이 소통하며 사업지의 본

질적인 문제점을 차근히 해결해 나가는 것이 당연하지만, 지금의 평가 체계와 5년이라는 짧은 사업 기간을 고려한다면 잘 기록되기 위한 결과론적인 행동만을 평가하는 우를 범할 수도 있겠죠. 지역의 문제점을 진단하여 도출된 문제를 근본적으로 해결하려 하지 않고 H/W와 같은 물리적인 사업에 치중하여 보여 주기식 절차를 따른다면, 자칫 업적주의를 표방한 사업이 될 수 있음을 경계해야 합니다. 이를 방지하기 위해서는 기존 평가 체계의 정책적 전환이 필요합니다. 도시재생이 지닌 가치를 현장에서 실현할 수 있도록 유도하고, 길잡이 역할을 해 줄 적절한 기준을 세우는 것이 중요할 것입니다. 양적 측면에 집중하는 것보다 도시재생 사업의 진정한 완성도를 판단할 수 있는 질적 측면에 유의하여 정책을 수정 및 보완한다면, 보다 면밀한 형태의 도시재생을 행할 수 있음은 물론이고, 현장의 실무자도 현실과의 괴리에서 벗어나 책임감과 사명감을 더욱 견고히 다질 수 있다고 생각합니다.

○○○

주민이 주도하는 도시재생으로 향하는 길.

옛도심 현장은 매달 셋째 주 수요일 정기 회의가 열립니다. 회의가 열리는 공간으로 주민분들께서 들어오실 때, 나가실 때 주민분들과 인사하며 유심히 바라보게 됩니다. '이번에는 좀 희망찬 얼굴이신가? 이번에는 걱정을 안고 나가시는 것 같은데.' 하면서 감정을 저도 모르게 살펴보게 되는 것이죠. 도시재생을 해 오면서 좋았던 기억을 되짚어 보라면, 최근 정기 회의가 끝나고 가장 희망차게 회의 공간을 나가시던 주민분들의 모습이 떠오릅니다.

당시 회의를 준비하면서 수첩에 가장 많이 기록했던, 문제의식을 느끼고 회복하고 싶었던 키워드는 '주민들의 주도성'이었습니다. 지자체와 전문가들이 결정하고 주민은 들러리를 선다고 느끼시는 것이 아니라, 적어도 도시재생 사업인 만큼 주민들의 의견을 사업 내용에 반영하고 결정 과정에서 소외되지 않도록, 주민분들께서 주도적으로 활동하시도록 도와드리는 역할을 우리가 해야겠다고 생각했습니다. 그동안 많은 자리에 참여해 오셨을 텐데 왜 주도적이라는 생각을 갖지 못하셨을까? 사업에 관한 토론이 도돌이표가 되지 않으려면 가장 먼저 해야 할 일은 무엇일까?

먼저 사업 전반을 주민분들께서 꿰고 계실 수 있도록, 한 장으로 정리된 지도를 다시 살펴보면서 항목별로 주민들께서 결정해 주실 일들을 정리해 보았습니다. 앞으로 할 수 있는 일들, 가장 가깝게 손에 잡히는 방향들을 제시하고 하나씩 추진해 나갈 수 있도록 정리한 것입니다. 사업 전반에 대한 공유를 마치고 나니 주민들께서는 다음 회의에서 긴하게 할 목표를 세워 주셨습니다. 둘 수 있는 분세로 안건을 세분화하고 결정 사안에 대한 정보를 투명하게 공유하는 것이 어쩌면 우리가 해야 할 역할이 아닌가 싶습니다. 앞으로도 주민분들께서 주도적으로 결정하고 현장의 이슈를 사업 내용에 반영해 나가실 수 있노록 하부하부 직무에 최선을 다할 생각입니다.

○○○

　도시재생의 경우 주민이 의사 결정의 주체라는 목적을 이용해서 일방적으로 개인의 이득만을 취하거나 납득이 되지 않는 이유로 반대 의사를 보이면 더 많은 주민에게 혜택이 돌아갈 수 없는 상황이 만들어지게 됩니다. 그리고 오랜 시간 동안 동력을 잃어 가며 쇠퇴하게 됩니다. 이러한 주민의 몽니를, 공공 행정은 정확히 파악하여 조정자의 역할을 담당해 주어야 합니다. 그래서 당장 예산을 집행해야 하는 4년 차가 다가오기 1~2년 정도 전에 예비 조직과 커뮤니티 구성을 완료하여 공동체 의식에 대한 불씨가 계속 지펴지며 본 사업이 진행되도록 해 주어야 합니다. 그럴 때 본 사업의 성과가 더욱 빛날 수 있다고 생각합니다. 나아가 도시재생지원센터의 직원들이 사업이 끝난 후 자연스럽게 주민들이 만들어 놓은 조직에 흡수되거나 주민의 한 사람으로서 스며들어 활동할 수 있는 부분에 대한 보완이 필요하다고 생각합니다.

○○○

　항상 어떤 사업을 기획할 때마다 느끼는 불편함이 있습니다. S/W 사업은 H/W 사업처럼 눈에 바로 보이는 사업이 아니기 때문에 조금만 반복되거나 지루해지는 등의 교육이 된다면 바로 참여율이 떨어지는데요. 그러한 상황에 직면하게 되면 사람들에게 어떻게 흥미를 유발하고, 재미를 주면서 꾸준히 참여율을 끌고 갈지, 어떻게 주민들의 역량 강화를 도울 수 있는 교육을 기획할지에 대한 고민이 생깁니다. 기획자 입장에서는 다양한 방면으로 사업을 진행해 보고 싶지만, 사실상 '활성화 계획'이라는 지켜야 하는 틀에 갇히게 됩니다. 주민들의 성향, 입맛에 맞게 또는 수요에 맞게 기획을 할 수 있다면 장기적으로 더 좋은 효과를 보여 줄 수 있을 것이라 생각되어 현재보다 좀 더 자유로운 규제 속에서 사업을 실행할 수 있었으면 좋겠다는 바람이 있습니다.

○○○

한 주민과 큰 갈등이 있었습니다. 도시재생 사업비를 활성화 계획과는 다른 방향으로 집행하기를 요구하셨습니다. 사업의 기본 원칙과 규정을 말씀드렸으나 다른 방법을 강구해서라도 본인 뜻대로 집행하기를 원하셨습니다. 당시 주민 협의체 운영위원으로 활동하고 계셨으며, 본인 뜻을 따르지 않으면 도시재생 사업에 참여하지 않는 것은 물론, 사업 진행을 어렵게 만들겠다며 협박 아닌 협박을 하셨습니다. 이어 다른 주민들의 사업 참여를 막으며 도시재생 사업의 진행을 막으셨습니다. 여러 시도와 노력 끝에 해당 주민이 운영위원을 사퇴하시면서 정리가 되었지만 사업이 지연되어 많은 어려움이 있었습니다.

왜 이런 일이 생겼을까 고민해 보니 아직 도시재생에 대해 전문 지식을 갖추지 않으신 주민분들이 도시재생 사업의 방대한 사업 내용과 예산 활용 방안을 짧은 시간 안에 이해하고 실행하기란 쉽지 않았을 거란 생각이 들었습니다. 앞으로는 사업 담당자, 센터 관계자뿐만 아니라 지역 주민들에게도 사업비 사용과 활성화 계획 내용에 대한 사전 교육이 다양한 방법과 많은 횟수의 운영으로 충분히 진행된 뒤 진행되어야 지연 없이 주민들과 원활히 소통하고 협업하며 사업이 이루어질 수 있을 것이라 생각합니다.

Q 6. 도시재생을 진행하며 가장 어려웠던 것은 무엇인가요? 그러한 어려움을 극
복하고 꾸준히 현재까지 활동을 이어 올 수 있었던 원동력은 무엇일까요?

김소빈

현장에서 가장 어려웠던 부분이라면 역시 '소통' 같아요. 가장 기본
적인 것인데도 그래서인지 제일 어렵더라고요. (웃음) 센터가 하나의
사업 실행체 또는 중간 지원 조직으로 다수의 주민분을 만나 뵙는데,
그 과정에서 도시재생 사업에 대해 말씀드리고 이해시키고 하는 과정
을 여러 번 반복할 때는 지치기도 하였고요, 저희뿐 아니라 소통 때문
에 주민 간의 갈등이 일어난 경우도 보았고, 이런 부분 말고도 군 행
정과의 소통, 다른 연계처와의 소통, 모두 기본적인 것인데도 가장 조
심스럽고 어렵더라구요. 결국엔 제 관점이 아니라 주민분들의 방향에
서 이해하기 시작하면서 극복할 수 있었던 것 같아요. 도시재생을 처
음 알게 되어 조심스럽게 센터에 찾아오는 주민의 마음, 마을을 위한
주민의 마음으로 생각하다 보면 저희 센터가 어떻게 행동하고 어떻게
그분들과 소통해야 하는지 답이 내려지곤 했어요. 한 발자국 멀리서
생각해 보면 아주 쉽고도 당연한 건데, 저는 현장 안에서 이걸 알고
이해하기까지 시간이 조금 걸렸던 것 같아서 부끄러워요. 제가 계속
해서 모양성 마을 속에서 활동을 이어 올 수 있었던 근원도 현장에서

주민분들과 따뜻한 마음을 나눴기 때문이라 생각해요. 제가 먼저 웃음을 드리면 웃음으로 돌려주시고, 마음을 드리면 마음으로 돌려주시는 주민분들을 모양성 마을에서 만날 수 있었다는 것도 한편으론 다행이라는 생각이 드네요. 그분들과 지내 오면서 '도시재생을 일로 보는 게 아니라 일상으로 보아야겠구나.' 하고 생각했어요. 그리고 주민분들의 일상 안에 녹아들어서 곳곳마다 따스함을 퍼트려 마을을 바꾸는 일이 도시재생이라면 얼마든지 하겠다고 생각했어요.

김희수

다양한 이해관계가 얽혀 있는 한 덩어리의 집단을 이끌어 갈 때, 예상되는 가장 큰 난관은 바로 그들의 주장을 유사한 방향으로 수렴하는 과정에서 발생할 것입니다. 특히, 오랜 시간 본인의 신념을 따라 살아온 기성세대의 의견을 설득하거나 취합하는 일은 결코 쉽게 이루어지지 않더라고요. 그동안 도시재생을 수행하면서 겪었던 위기의 순간들을 하나둘 상기시켜 보면, 아무래도 앞서 언급했던 부류의 어려움이 가장 먼저 떠오르는 것이 사실입니다.

실제로 마을에서 정기적으로 열리는 운영위원 회의의 경우, 회의마다 구조물의 형태와 색상을 정하는 일부터 마을 거점 공간의 위치를 결정하는 일까지 작고 커다란 논제들에 대한 다양한 생각이 제기됩니다. 하지만, 주민분들 중 일부는 주민협의체 구성원임에도 불구하고, 각자의 생업 또는 개인의 일정을 이유로 꾸준히 참여하지 않는 경우가 빈번합니다. 이는 마을 내 진행되고 있는 도시재생 일정을 정확히 인지하고 파악하지 못하는 상황으로 직결되기 때문에, 정기 회의를 통해 주민들의 동의를 받아 결정된 사안임에도 불구하고 문제를 제기하여 일을 번복하게 만드는 경우를 발생시킵니다. 물론 이견을 조정하고 협의안을 도출해 가는 단계는 건강한 의사소통의 한 모습이겠지만, 그 과정에서 발생하는 주민 간의 갈등과 이로 인한 공동체의 와해는 심각한 국면을 초래할 수 있으므로 이를 해결해야 하는 실무자에게는 상당한 부담으로 다가옵니다.

하지만 아이러니하게도 어려움을 극복할 수 있는 이유도 주민분들입니다. 어려움을 주는 존재에게 원동력을 얻는다니, 언뜻 보기에 모순처럼 느껴질 수도 있겠네요. 그러나 마을 일을 위해 조금의 불편함이 있을지라도 먼저 자처하는 행동력, 그로 인해 조금씩 변화하는 마을에 자부심을 느끼는 모습, 노고에 고마움을 표현할 줄 아는 마음 등은 결코 가벼운 치레가 아님을 알기에 나 자신을 재차 토닥이게 됩니다. 도시재생이라는 것이 앞이 보이지 않는 길 같지만, 이러한 것들로 인해 다시금 원동력을 얻게 되는 것 아닐까요?

송진웅

협업으로 해결하기.
도시재생을 하며 가장 어려웠던 부분은 거점 공간을 활용할 조직을 만나는 것이었습니다. 고창군 옛도심 지역에는 '조양관'이라는 등록 문화재 공간이 있습니다. 이곳은 문화재이다 보니 형상 변경을 쉽게 할 수 있는 공간도 아니고 옛 건축물이라 실용적으로 시설이 갖추어져 있지도 않습니다. 이러한 공간을 어떤 공간으로 누가 들어와서 운영할지가 가장 큰 숙제 중 하나입니다. 이곳을 운영할 사람을 만나는 것이 가장 어렵습니다. 물론 이것은 자연스러운 일이라고도 생각됩니다. 앞으로 실제적으로 조양관이 갖고 있는 잠재력과 문제점에 대해 심도 있게 공론화되어 시민들을 중심으로 논의해 가면서 운영 방안이 나오고, 운영할 사람도, 조직도 형성될 수 있다고 생각합니다. 짧은 기간과 정해진 예산의 범위 내에서 조양관 운영 조직을 형성하기 위한 별도의 활동을 만든다는 것은 어려운 일이겠지만, 이를 해결하기 위해서 고창 지역 내의 다양한 분야의 센터와 협업할 수 있는 접점을 만들어 문화 예술인, 지역 청년, 주민과 소통의 자리를 만들어 나가고 공론화해 나가고 있습니다. 그 사이사이에서 만나는 사람들의 기대와 조양관에서 앞으로 벌어질 재미있는 사건들에 대한 기대가 활동을 이어 갈 수 있는 원동력이 되는 것 같습니다.

정영하

주민들과 연대하며 관계를 쌓는 것과 공감대를 가지고 커뮤니케이션하는 것이 제일 어려운 것 같습니다. 이야기가 잘되는 것 같아도 이해관계가 다르거나, 뒤돌아 생각해 보면 이게 아니구나 싶을 때가 있습니다. 지금도 공동의 목표를 만들고, 같은 방향으로 소통한다는 것은 참 힘듭니다. 그래도 조금만 커뮤니케이션이 잘되는 모습이 보이면 성취감이 커서 단지 그런 마음이 좋아 더 열심히 해야겠다는 동기부여가 됩니다.

주민들의 적극적인 참여를 유도해 내기가 어려웠습니다. 도시재생 사업의 주인공은 결국 주민입니다. 센터에서는 사업의 주체가 되는 주민들을 찾고 주민 주도 도시재생 사업을 진행해 나가며 협동조합을 만들고, 조합은 마을 일을 하며 살기 좋은 마을을 만들어 가야 한다고 생각합니다. 하지만 사업의 주체가 되어 줄 주민들을 찾는 과정은 쉽지 않았습니다. 토지 매입, 계획의 변경 등으로 인해 H/W 사업이 지연되고, 도시재생 사업의 목적과 다른 요구를 하는 주민과의 갈등 등 다양한 이유로 인해 주민들의 적극적인 참여를 유도해 내기가 어려웠습니다. 저는 주민들과의 긍정적인 관계 형성을 위해 매일 웃는 모습으로 인사하며 주민들에게 다가갔고, 주민들의 이야기를 주의 깊게 들으며 관계를 형성해 나갔습니다. 그렇게 시간이 흐르면서 지금은 주민들과 사적인 이야기도 나누며 같이 웃고 울고 그렇게 살아가고 있습니다.

도시재생 사업을 현재까지 이어 올 수 있었던 원동력은 바로 주민들이라고 생각합니다. 그들과 함께하며 같이 시간을 보내며 어느새

저도 마을의 주민으로 마을에 애정을 갖게 되었고 그 애정이 저의 원동력이 되어 오늘도 내 마을과 내 이웃을 살피듯 애틋한 마음을 가지고 사업지를 샅샅이 돌아봅니다.

Question 7. 도시재생활동가로서 갖고 있는 철학은?

> **Q 7.** 도시재생을 현장에 적용하고 실행하는 도시재생활동가로서 갖고 있는 철
> 학(실행 철학)에 대해 말씀해 주세요. 그리고 앞으로 도시재생 현장의 중·
> 장기적 비전은 어떻게 되어야 할까요?

김소빈

사실 제가 도시재생 현장 안에서 활동한 지 별로 오래되지 않은 사람이라 '철학'이라는 게 있어도 될까 조금 부끄럽습니다. 지금보다 더욱 오랜 시간을 깊이 고찰하고 탐구하고 난 후에야 겨우 저의 재생 철학을 정의할 수 있을 것 같아서 말입니다. 현재로서는 단순히 도시재생 현장 속에서의 제 마음가짐을 이야기해 드려야 할 것 같아요.

저는 도시재생을 사람과 사람을 이어 '확장'시키는 개념으로 바라보고 있어요. 조금 추상적일지도 모르겠어요. 제가 살아온 세상 그리고 지역, 마을의 사람 대부분이 독립적이었고, 그들 각자만의 세상으로 축소되어 있었어요. 사람과 사람 사이의 따뜻한 연결과 연대가 부재한 상황으로 보였습니다. 제가 봤던 부분을 넘어 전체적인 세상이 그렇게 되어 가는 듯했어요. 우울 지수가 높고 고독이 가득한 세상(2021년 경제협력개발기구(OECD)의 2018~2020 동안의 국가별 행복 지수 발표: 대한민국은 10점 만점에 5.85점으로 OECD 회원국 37개국 중 35위)이란 이야기들이 주변에 떠돌아다닐 때, 도시재생으로 세

상을 변화시킬 수 있을 거라 생각했어요. 사람들이 최소한 '내가 사는 곳'을 위해 개인적인 마음으로라도 모여 함께하다 보면 그렇게 지역이 재생되고 사람 사이 연결 고리가 이어질 수 있으리라고 도시재생에서 가능성을 보았기 때문이에요. 그래서 도시재생이야말로 고독한 세상 속 끊긴 사람들 사이를 다시 연결해 주는 작업이 가능할 것이라 믿고 있습니다.

도시재생 현장, 앞으로의 것도 생각해 봅니다. 재생 현장을 산업 또는 공학, 문화, 예술 등 한 가지로 나눠 바라보던 시대는 분명하게 지나가고 있다는 생각이에요. 기존의 도시재생이 '사람과 공동체'를 변화시키는 일을 하는 것이라면, 이제 앞으로의 도시재생은 더 어렵고 복잡한 관점에서 바라보면서 현장을 조금 더 치밀하고 단단하게 변화시켜 나가지 않을까 하는 생각이 들어요. 앞서 말씀드린 산업, 공학, 문화, 예술은 물론 상업과 인문, 환경, 심리 등 더욱 다양하고 광활한 범주 안에서 결국 '사람'을 다루는 일이니 '사람'을 고려하고 변화시키는 도시재생이 이루어질 것이라고 생각해요. 이것 하나는 짧은 식견으로나마 확신하는 도사재생의 미래입니다. 말씀드리고 나서 보니 당연한 말을 했지 싶어요. 역시 아직은 제 경험과 이해가 옅은 탓이라 생각합니다.

김희수

도시재생이 이루어지는 곳에서 현장활동가들과 재생전문가들은 마을 구성원 모두가 '도시재생으로 인해 행복을 느껴야 한다.'를 마음 깊이 담아 두고 활동해야 합니다. 이것이 마음에 가득 담겨 있을 때 마을 주민들의 마음을 하나로 엮어 행복을 지원할 수 있다고 봅니다. 고창군의 모양성 마을을 예로 들면, 이 마을은 구성원 중 대다수가 젊은 날의 치열한 삶을 꼬박 지새운 후 고향에 내려와 노년을 부족하지 않게 보내는 분들이 많이 계신 듯합니다. 따라서 도시재생 사업이 시작할 무렵 주민 스스로는 절박함과 적극성을 가지고 마을의 상생을 논하지는 않았던 것 같습니다. 현재는 마을의 발전을 위해 뜻을 함께한 주민분들이 활발히 참여하고 계시지만, 낙후된 지역을 조금 더 살기 좋은 마을로 만들겠다는 목적이 타의에 의해 부여되었기 때문에 "누구든 도시재생으로 인해 불행한 사람은 없어야 한다."라는 도시재생 정책 실현의 명분에 그리 크게 주목하지 않으셨을 듯합니다. 그렇기에 이런 곳에서 활동하는 현장의 재생활동가는 더욱 철저히 마을 공동체가 행복한 삶을 영위하실 수 있도록 마음을 모아 가야 하고, 본인 스스로도 이러한 철학적 기반이 소실되지 않도록 신념을 꾸준히 지켜 나가야 할 듯합니다.

덧붙여 짤막하게 미래를 논해 보자면, 도시재생은 넓은 의미에서 공동체의 가치를 발견하고, 되살리는 일에 집중해야 하는 것이라고 봅니다. 마을 내 주민 구성원은 물론이고, 다양한 잠재력을 가진 이들을 대상으로 여러 공동체를 회복하고, 도심의 기능과 연결하는 작업을 실행한다면 장기적으로 방치되는 노후화를 막을 수 있을 것입니다. 다양성과 창의성이 강화된 공동체를 결속하는 일은 분명히 도시를 살리는 힘으로 작용할 것이기 때문입니다. 그리고 이러한 논의와 움직임이 활발히 이루어진다면, 보통 하나의 마을 또는 지역 내부로 국한되는 보통의 현실에서 발전하여 마을과 마을, 지역과 지역, 국가와 국가를 대상으로 그 범위가 확대될 가능성도 있지 않을까요? 어쩌면 먼 미래에는 '지구촌 전반의 동시다발적인 지원과 연결이 이루어지는 새로운 개념의 도시재생이 탄생할 수도 있겠다.'라는 흥미로운 상상도 해 봅니다.

송진웅

연대로 만드는 문화, 그리고 주민의 라이프 스타일을 위한 도시재생.

도시재생은 어느 분야보다 현장과 밀접하게 일이 진행됩니다. 도시재생활동가로서 마을 공간에 밀착하여 일을 진행하다 보면 현장에 있는 사람들을 끊임없이 만나게 됩니다. 사람들을 만나 잠시 이야기를 나누다 보면 알지 못했던 주민의 능력을 발견하게 되거나, 도시재생의 새로운 소재를 찾게 될 때가 있습니다. 풀리지 않는 숙제들의 해답을 이러한 소통의 순간에 찾게 되는 거죠. 한번은 토지 문제로 주민을 찾아뵙게 되었는데, 이분은 타 지역 카페에서 크게 인정받고 있는 음료의 원료를 생산하고 계셨습니다. 오히려 고창 안에서는 납품을 받는 카페가 없었는데 타지에서 수년째 원료의 가치를 알아보고 단골 고객으로 구매를 하고 있었던 것이죠. 이렇게 고창 내에서 알려지지 않은 요소들을 발굴하여 상업 활동의 공간에 연계해 드리고, 이 이야기를 공개된 플랫폼에서 소개하는 일이 하나의 도시재생 방식이 될 수 있을 것이라 생각합니다. 결국에는 개개인이 발견한 로컬의 잠재 가치를 연결해 콘텐츠를 생산해 나가는 연대 방식으로 거점 공간들이 운영될 수도 있는 것이죠. 상생의 프로그램을 기반으로 한 지역의 라이프 스타일을 형성하고, 브랜드를 갖추며, 창의적인 방식으로 서로 어울려 살아가는 지역을 만들 때, 이것을 외부 사람들이 보면서 그분들과 함께 문화를 즐기기 위해 찾아올 수 있을 것이라 생각합니다. 외부인을 초점으로 디자인한 도시재생 계획이 아니라, 주민이 먼저 잘 살고 그 이후에 여행객이 찾아오는 방식이 건강하고 지속 가능한 방식일 것입니다.

정영하

센터에서 근무하기 이전까지는 도시재생, 재생 등에 대해 크게 생각해 보지 않았기 때문에 재건축, 재개발 등이 오히려 좋은 것이라고 생각했었습니다. 그러나 이곳에 근무를 하며 '재생'에 대한 의미를 다시 생각해 보는 계기를 가지게 되었습니다. 특히 크게 와닿았던 것은 '재생'이 사람의 삶에 정말 많은 영향을 끼치게 된다는 것입니다. 어떤 지역에 짧게 살든, 오래 살든 사람은 각각의 공간이나 사람에 대한 추억을 가지게 됩니다. 추억은 개인마다 다르고, 같은 추억도 가치가 다르기 때문에 어느 하나 소중하지 않은 것은 없습니다. 따라서 재생이 된 것들은 그만한 가치를 가지고 있고, 앞으로도 꾸준히 곳곳에서 시작되어야 한다고 생각합니다.

"세상에 나쁜 사람(주민)은 없다."

도시재생 사업을 하면서 주민들을 만나고 이야기를 나눠 보면서 생긴 저만의 철학입니다. 100명의 주민을 만나면 100명이 다 다르고, 100가지의 각양각색의 말씀을 해 주십니다. 각각의 말씀이 다르지만 이야기를 듣다 보면 '마을을 위해서, 주민들을 위해서'라는 한 가지 방향으로 모입니다. 하시는 말씀은 다르지만 결국은 다 같은 생각을 하고 계셨습니다. 개인의 욕심이 아닌 마을을 위해서, 마을이 살기 좋아야 주민들도 같이 살기 좋아진다고…. 그래서 저는 '세상에 나쁜 사람(주민)은 없다.'라는 생각으로 주민들을 만납니다. 저분들도 저와 같은 마음이라 생각하면서 말이죠.

앞으로 도시재생 사업은 주민 공동체 활성화를 위한 S/W 사업이 우선 진행되어야 한다고 생각합니다. 거점 공간을 만들고 주민들이 운영하며 마을 일을 직접 해 나가는 것이 도시재생의 꽃이지만, 각 지역 특성에 따라 주민들의 삶의 방식이 달라 주민이 직접 운영을 하기에는 어려움이 있습니다. 따라서 다양한 주민 공동체 활동을 우선 진행하며 주민들끼리의 공동체를 형성하고, 주민들 간의 관계가 만들어지고, 소통하면서 마을에 대한 애정이 생긴다고 생각합니다. 본인이 마을에 살아야 하는 이유가 생겨야 자연스럽게 마을이 활성화될 것이라 생각합니다.

Question 8. 바라는 것은?

Q 8. 못다 한 말이나 지금까지의 이야기 중에서 강조하고자 하는 부분이 있으면 한 말씀 부탁드립니다. 주민 혹은 정부에게 바라는 것을 말해 주어도 좋습니다.

김소빈

대상을 특정하지 않고, 널리 말해 보겠습니다. 재생하려는 도시의 '실제 속'에서 계획되기를 바라며 감히 세상에 고합니다. 긍정적인 활자로 이루어진 활성화 계획 보고서를 보고 도시재생이라면 발 벗고 나서는 그런 의욕 많은 소수의 주민에게 해당되는 도시재생이 아니라 실제 현장 속에서 소외된 다수의 주민에서부터 시작되는 도시재생이 이루어지면 좋겠습니다. 이를테면 본업이 있어 여유가 없지만 몇 가지 사업에 조금 관심이 생겨서 틈을 내어 찾아오는 주민, 단순히 지인이 불러서 사업에 참여하게 되었지만 그래도 관심을 보이는 주민, 자신의 명예 등을 위해 마지못해 도시재생에 참여하는 주민, 도시재생이 무엇인지 이해를 하지 못했지만 그래도 한번 들어 보려는 주민, 행정과 정부에 거부감이 있는 채로 한 발짝 담가 본 주민, '우리가 참여한다고 과연 미래가 좋아질까?' 의심하면서 그저 듣는 척 마는 척하는 주민 등 이러한 비관적인 주민들 속에서도 도시재생 계획서가 쓰이길 바랍니다. 쉽지 않은 일일 겁니다. 시간이 더 오래 걸릴 수도 있고,

더 많은 노력이 필요할 수도 있습니다. 하지만 이렇게 현장에 광범위하게 적용될 수 있는 활성화 계획서는 아주 큰 힘을 발휘하게 됩니다. 그렇지 않으면 거꾸로 한 발짝도 앞으로 나가지 못하는 강한 제약성에 부딪힐 것입니다. 도시재생이 앞으로 더욱 현장에 적절한 방향으로 변화되어 가길 응원하겠습니다.

김희수

어느새 고창군 모양성 마을 도시재생 뉴딜 사업이 올해로 막바지를 달리게 되었습니다. 이 마을에서 도시재생이 이루어지던 초창기부터 참여한 것은 아니지만, 차곡차곡 쌓여 있는 경험들과 순간들이 꽤 많이 스치는 것을 보니 여러모로 마을의 대소사를 함께한 존재인 것 같습니다. 사실, 여느 사회적 현상이 그렇듯 도시재생 또한 어떠한 유형의 방식이 성공적인 방향인지 명쾌한 해답은 존재하지 않습니다. 그저 활발한 마을 공동체를 회복하고, 지속 가능한 순환 구조의 가능성을 찾아서 갈 뿐이죠.

짧은 견문이지만 도시재생 사업을 진행하며 체감했던 부분을 말씀드리자면, 과도한 의존성과 불평등 재생산을 유의해야 한다는 것입니다. 그러므로 지원 가능한 최대 영역을 정해 두고, 주민 역량 강화에 더욱 많은 비중을 실어 사업 종료 후 센터의 역할이 사라지더라도 자체적인 경제 활동과 도시재생 거점 시설 운영이 가능할 수 있도록 유도하는 방안들이 필요합니다. 무엇보다, 도시재생 사업으로 인해 특정 계층에게만 혜택이 집중되거나 치우쳐 평등하지 못한 굴레를 더욱 증식하는 꼴이 되지 않도록 하는 것에 역점을 두어야 할 것입니다. 이는 사업 일정이나 내용을 마을 내 주민분들이 모두 동일하게 인지할 수 있도록 노력하는 일부터 시작하면 한결 수월하리라 생각합니다.

물론, 이외에도 준수한 도시재생의 마무리를 위해서는 기획가들, 실무 행정가들 그리고 현장재생활동가들의 끊임없는 고민과 적극적인 자세가 요구될 것입니다. 따라서 저는 도시재생 사업의 남은 기간 동안 지금의 자리에서 보다 오래 지속 가능한 마을의 모습을 이루어 내기 위해 전력을 다하려고 합니다. 오늘의 노력보다 조금 더 나은 모습으로 함께한다면 바람직하고 성공적인 미래를 그릴 수 있을 것입니다.

마지막으로 현재 우리 마을은 마을 최초로 경제 공동체를 만드는 일에 몰두하고 있으며, 이들이 꽃을 피울 마을 거점 공간을 조성하며 조금씩 그 모습을 드러내고 있습니다. 그야말로 본격적으로 주민 주도형 마을을 이룩하기 위한 마지막 준비 단계라고 할 수 있겠지요. 이로 인해 조금은 어수선한 분위기를 자아내기도 하지만 그 윤곽이 선명해질수록 주민분들의 들뜨고 설레는 마음이 저희에게도 고스란히 전해집니다. 도시재생 사업의 마무리 시점에서 실무자로서 간절히 바라는 점은 주민분들이 이제는 정착된 무료한 일상에서 벗어나 그들의 주도 아래 생기 있고 행복한 마을을 선선히 유지해 가는 것이라고 말씀드리고 싶습니다.

누군가에겐 일상, 누군가에겐 영화 같은 일.

우리나라도 이제 막 선진국이 되었습니다. 유엔무역개발회의 (UNCTAD)에서 한국 지위를 개발도상국에서 선진국으로 변경하였다는 뉴스를 본 지도 벌써 꽤 된 것 같습니다. 다른 선진국들은 어떻게 살고 있을까요? 우리가 아직 누리지 못한 삶의 형태가 무엇일까요? 독일의 어느 작은 마을을 방문했을 때가 생각납니다. 6년 정도 지났음에도 엊그제 다녀온 것처럼 기억이 생생합니다. 시골 마을을 돌아다니며 보름 남짓 보냈던 시간이었습니다. 마을에서 느꼈던 인상을 한마디로 표현하자면 '도시 같은 시골, 시골 같은 도시'였습니다. 아담한 규모로 도보 생활권에 학교와 상점과 편의 시설이 잘 갖추어져 있어 생활하기 편리했고 마을 골목 곳곳이 쾌적하며 어디를 가나 사람들의 여유가 흘러넘쳤습니다. 도시의 경관이 시민을 존중하고 있고, 시민들은 존중받고 있다고 느끼기 때문일까요? 아침에는 야외 카페테리아에서 커피를 마시며 이웃과 담소를 나누고 저녁에는 전통 옷을 입고 전통 악기와 함께 합창을 하는 식당에 나와 건강한 식재료로 만든 음식을 나누어 먹는 풍경이 꼭 영화 속의 한 장면 같았습니다. 누군가에게는 이런 풍경이 일상인데, 동시대에 살고 있으면서도 어떤 이들은 똑같이 많은 것을 누리지 못하며 살고 있었구나, 우리는 왜 그렇게 살고 있지 못했을까, 우리가 사는 곳은 왜 다르며 그들은 어떻게 이런 문화를 형성해 왔을까 질문을 던지기 시작한 첫 시점입니다. 역사적 배경이 어떻게 다르길래 그럴까요? 제도적 배경은 어떻게 다르기에 도시에서 나타나는 풍경이 이렇게 다를 수 있을까요? 우리에게 없는 제도와 그들에게 있는 제도는 무엇일까요? 제가 답을 찾고 있는 질문들을 공유해 보고 싶습니다.

정영하

사업을 실행할 때 좀 더 규제가 자유로워진 상태로 진행할 수 있었으면 좋겠습니다. 그리고 정말 장기적으로 가는 '재생'을 실현하기 위해선 사업 기간이 길어져야 한다고 생각합니다. 도시재생 사업으로 선정되기까지의 예비 기간부터 주민들이 센터의 지원 없이 자립할 수 있을 때까지, 이 모든 것이 단 몇 년 만에 달성되기 어렵기 때문입니다. 단기간에 사업을 마치려고 하면 S/W가 H/W 사업에 쫓아가기 힘든 것 같습니다. 주민들의 역량 강화가 더 주가 되어 적극적인 지원을 할 수 있다면 물리적인 것의 재생뿐만 아니라 그 안의 사람들의 역량도 지속 가능해져서 오랫동안 재생이 유지되는 도시가 창출될 수 있을 것이라 생각합니다.

한재원

도시재생 사업을 진행하면서 모든 주민에게 동일한 혜택을 드리는데 어려움이 많습니다. 좋은 의도의 사업이라 해도 누군가에게는 불만이 되기도 하고, 마을과 맞지 않는 사업의 진행으로 이후 더 큰 어려움이 나타나곤 합니다. 4년이란 짧은 기간 동안 약 150억 원의 큰 돈을 사용하면서 모든 주민에게 동일한 혜택이 돌아가도록 하기란 불가능에 가깝다고 생각합니다. 주민들에게 도움이 될 수 있는 사업을 진행하기 위해서는 더 많은 준비와 사업 기간이 필요하고, 원활한 마을 관리 사회적 협동조합 운영을 위해서도 센터가 주민들 곁에서 함께 운영을 도와주고 협업하며 주민들이 자립할 수 있는 충분한 시간이 필요하다고 생각합니다. 따라서 도시재생 사업 기간을 적어도 1~2년 연장하여 주민들과 더 많은 소통 과정이 이루어질 수 있도록 하고, H/W 사업과 S/W 사업의 진행 시점과 과정을 촘촘하게 설계하고, 이에 맞춰 주민들이 연습과 실습을 필요로 하는 시기에 주민들이 원하는 거점 공간을 만들어 낸다면 그 지역에 더 큰 도움이 될 수 있을 거라 생각합니다.

Question 9. 마음속에 남아 있는 꿈은?

> **Q 9.** 마지막으로 여전히 여러분의 마음속에 남아 있는 꿈은 무엇인가요? 그러한 꿈을 삶에서 어떻게 펼쳐 나가고 싶으신가요?

김소빈

제 꿈은 지역의 아름다움을 전해 '사람들이 지역을 사랑하게 만드는 것'입니다. 방송인 '타일러 라쉬'를 아시나요? 저는 최근에서야 그분이 환경 문제와 관련하여 2020년도에 쓰신 책을 읽었는데요, 하얀 책에 이러한 말들이 쓰여 있더라구요.

"요즘 사회는 꿈의 자리를 진로에 빼앗겼다. … 꿈이란 현실이 아니라서 꿈이다. 이루기 힘들어서 꿈이다. 어디에도 얽매이지 않아도 되고 현실성이 없어도 되는 게 꿈이다. 거대해도 되고, 뜬금없어도 된다. 그래서 꿈이다."

환경 문제를 해결하는 것이 꿈인 저자는 자신의 소망적인 일을 자신의 꿈이라고 소개했더군요. 저는 그것에 깨달음을 얻고 연달아 적힌 문장들을 여러 번 반복해서 읽었어요. 저도 누군가 꿈을 물어 오면 당연하게 전공과 관련된, 지금까지의 활동과 연결된 진로명으로 대답해 왔거든요. 그래서 왜 나는, 그런 직업 혹은 진로를 생각했을까 고민하다가 근원적으로 해내고 싶은 제 꿈에 대해 깊이 생각해 보았어요. 저는 흥미로운 지역 문화를 탐색하고, 그것을 바탕으로 표현해 내며, 지역 문화를 다양하게 콘텐츠화해 내는 기쁨을 즐기기 때문이었죠. 그럼 내 '꿈'은 무엇일까 생각을 따라가 보니 '지역의 아름다움을 전해 사람들이 지역을 사랑하게 만드는 것'이었어요. 꾸준히 문화 기획 프로젝트를 진행해서 지역에 긍정적인 영향력을 전달하고, 그로 인해 더욱 많은 사람이 지역을 사랑하게 되는 것. 그리하여 결국엔 불균형적인 수도권 집중 현상을 해결하고 많은 사람의 삶의 질을 높이는 것까지 말이에요! 따뜻한 마음으로 의미를 담아내는 지역 속의 사람, 그렇게 가치 있는 삶을 살아 내고 싶은 것이더라고요. 앞으로도 작은 움직임들이 모여 큰 뜻을 전달함을 알기에 제 꿈이 이루어질 때까지 저는 지역 안에서 꾸준히 행동할 거예요.

김희수

부단하게 이상을 좇는 중입니다. 현대 사회의 수많은 제약 속에서 이상과 같은 삶을 살아가는 것은 꽤 어려운 일일지도 모릅니다. 현실의 요소들에 부딪히고 좌절하며 오늘의 나와 적절한 수준을 타협하는 나날들이 잦지만, 그래도 내면에 명시적인 목표를 분명히 간직하는 것만으로도 꿈꾸는 것과 조금이나마 가까이 근접할 수 있게 되지 않을까요? 먼 훗날, 바라는 삶의 기준에 부합하는 이상적인 가치관을 가진 인간상을 살아 낼 수 있기를 희망합니다. 주어진 것만을 수용하고 수동적으로 무의식적 일과를 수행하는 것이 아닌, 일상에서 의미를 부여하고 해석에 따른 행동으로 사회를 변화시킬 수 있는 자유롭고 능동적인 존재가 되길 바라는 것이죠. 사실, 이러한 주체적 삶을 지향하는 과정에서 도시재생은 생각보다 제게 꽤 큰 영향력으로 다가옵니다. 도시재생의 업무를 시작하며 생성된 가치관의 변화는 미세하지만, 적어도 그저 영리만을 추구하는 세속적인 면과 상반된 어느 지점에 중심을 둘 수 있게 되었으니 말입니다. 이렇게 도시재생과 같이 유의미한 크고 작은 이벤트들을 통해 삶 속에서 방향성을 잃지 않고 나아갈 수 있었으면 합니다. 생의 길을 둥글게 가꿔 언젠가는 마음속 꿈을 이룰 수 있는 날이 오기를 바라면서요.

송진웅

완벽하지 않은 도시, 함께 만드는 삶.

살고 싶은 마을, 살고 싶은 도시를 만들어 가는 데 지역활동가로서 힘을 보태며 기여하며 사는 것이 꿈입니다. 오래도록 학업과 직장을 이유로 여러 도시를 거쳐 살아왔습니다. 앞으로도 계속 거주지를 옮기며 사는 것보다 언제부터인가 네트워크와 삶의 기억을 축적할 수 있는 도시를 찾아 삶의 아름다운 부분을 확인하고 수집하고 형성해 가면서 살고 싶다는 생각을 하게 되었습니다. 살고 싶은 도시가 무엇일까, 어떤 조건이 갖춰져 있어야 좋다고 느낄까 스스로에게 질문해 보다 고창이라는 도시를 알게 되었고 도시의 매력 요소들을 발견해

가며 단단하게 하루하루를 살아가고 있습니다. 계속해서 지역의 가능성과 잠재력을 발견하고 새로운 일들을 만들어 내는 데 일조할 수 있도록 역량을 키워 나갈 생각입니다. 맡은 직무에 최선을 다하며 별도로 관련된 작은 사이드 프로젝트들을 시작으로 스스로의 역량을 성장시키며 지역에서의 흥미로운 사건들을 만들어 나갈 계획입니다. 앞으로 어떤 모습으로 어떤 활동을 하게 될지 기대가 됩니다.

정영하

구체적인 계획은 없지만 한 번쯤 시도해 보고 싶은 것이 있다면, 제 전공을 살려 주민들이 예술(문화)의 새로움과 여유로움을 향유하는 삶을 느낄 수 있는 프로젝트를 기획해 보는 것입니다. 사업지 대부분에 거주하는 분들은 연로하시고, 일하는 것에 치여 살고 계십니다. 따라서 그런 분들을 위해 도시재생 사업으로 예술(문화) 분야를 활용해 보고 싶습니다. 여러 가지 사업을 진행해 보면 도시재생에 또 다른 재미와 시너지가 더해질 것이라는 기대감이 있습니다.

한재원

저는 다양한 경험을 많이 해 보고 싶습니다. 한 가지 일에 집중하면서 전문가가 되는 방법도 좋겠지만 앞으로 펼쳐질 세상은 다양한 일들의 협업을 통해 해결해 나가야 할 것이라고 생각합니다. 그 세상에서 저는 각 분야의 전문가들을 찾아내고, 연결하여 최적의 결과를 이끌어 낼 수 있는 사람이 되고 싶습니다. 각 전문가들을 점으로 생각했을 때 그들을 이어 주는 선이 되어 서로에게 도움을 주고 싶습니다. 소통과 협업의 전문가처럼 말이죠. 하늘에 있는 다양한 별들은 연결하는 방법에 따라 그 모양이 다르듯 더 좋은 결과물이 나올 수 있도록 빠르게 상황을 판단하고 분석하는 분석 전문가, 가지각색의 점을 상황에 맞게 효율적으로 연결하는 협업 전문가, 이를 위해서는 정말 다양한 경험을 통해 각 분야를 알고 서로를 이해할 수 있어야 하기 때문에 살아가는 동안 다양한 경험들을 최대한 많이 축적하고 그 경험들을 펼쳐 보이고 싶습니다.

황지욱

공간의 병리 현상을 치료하는 공간치료인이 되고자 하면서….

2002년부터 전북대학교에서 도시계획을 전공으로 가르치면서 학생들에게 도시계획이란 사람이 살아가는 공간인 '도시'에서 발생하는 다양한 문제를 하나씩 해소해 가는 행위임을 강조해 왔습니다. 공간 자체에 초점을 맞추기보다 그곳에 살고 있는 모두의 불편함, 낡아짐 등을 치료하고, 편안하게 느끼며 살아갈 수 있도록 만들어 가는 행위라고 본 것입니다. 마치 사람이 태어나서 성장하며, 나이가 들어 노쇠하기까지 생로병사의 다양한 문제를 겪듯이 공간계획가는 도시 공간에서 끊임없이 발생하는 사회 문제를 바라보면서 건강한 공간을 만들어 가려는 사회 공간 치료인에 해당한다고 보았던 것입니다. 특히 도시재생이란 아무리 잘 계획된 도시라고 하더라도 사람이 어울려 살아가는 과정 속에서 새롭게 그리고 순간순간 사회적 갈등 요인이 발생할 수 있기 때문에 이를 물리적 시설을 갖추는 계획만이 아니라 사회적, 환경적 그리고 나아가 문화적 수단까지도 활용하여 다양한 방식으로 적기에 치료하는 행위라고 보았습니다. 1990년대 독일에서 공부할 때부터 탄광 지역이자 산업 전환의 도시에 해당하는 도르트문트(Dortmund)에 살면서 재생을 학술적으로 연구하고 실질적으로 경험한 것이 바탕이 되어 우리 사회에서도 이런 현상이 발생하게 될 때 적극적으로 뛰어들어 훌륭한 치료인이 되길 바라곤 했었습니다. 그리고 2005년경부터 우리나라에서 도시재생 연구가 시작되었을 때 학자로서 연구진의 일원이 될 수 있었고, 2019년부터는 고창군에서 도시재생지원센터를 맡아 현장 속에서 실질적 재생 업무를 진행하게 되었습니다. 무엇보다 도시를 재생하는 것을 넘어 도시재생지원센터에서 실무적 능력을 갖춘 활동가들을 발굴하여 함께 활동하면서, 숙련된 제2의 그리고 제3의 재생 전문의를 양성하는 행동도 병행하게 되었습니다.

재생, 공간을 넘어 사람을 깊이 이해하고 싶었습니다.

처음에 재생을 접할 때는 어떻게 하든 쇠퇴한 공간을 다시 살려 내고, 나아가 '화려한 공간(?)'으로 만들어 내는 것이 나 자신의 책무라고 생각했습니다. 그 이유는 재생이라는 단어가 아직 명확히 정의되지 않았던 시기였으며, 나름대로 선진국형 재생을 실현시킨다는 것은 좀 더 거창한 계획을 수립하는 것처럼 느꼈기 때문이었습니다. 하지만 정의 하나를 놓고 학자들 간에 많은 논란과 논쟁을 벌이는 과정에서 제 생각이 조금씩 변하기 시작했습니다. 영미권에서 재생 운동이 시작되었다는 이유로 재생을 *Urban Redevelopment·Renewal*(도시 재개발·재정비)라고 할 거냐, *Urban Rehabilitation*(도시재활)이라고 할 거냐, *Urban Renessaince*(도시부흥)라고 할 거냐, 아니면 *Urban Regeneration*(도시재생)이라고 할 거냐를 놓고 불꽃 튀게 논쟁했습니다. 나라마다 조금씩 다른 방식의 접근을 했기에 단정적으로 통일된 용어를 정하기가 쉽지 않았습니다. 다양한 용어를 검토하면서 쟁점은 어느 용어를 택하느냐에 따라 도시의 문제를 해결하는 접근 방식과 최종 목표가 달라진다는 것을 확인하게 되었습니다. 또한 하나의 개념을 선택하더라도 지역의 여건에 따라 대도시와 지방 중소도시의 재생이 달라질 수 있음을 알게 되었습니다. 또한 우리나라의 도시 특성과 외국의 도시 특성을 보면서 단순히 재생을 이식하려는 것이 얼마나 무모한 짓인지 느끼게 되었습니다. 우리나라의 지방 중소도시에서 재생은, 대도시에서 꽤 일사불란하게 움직이는 것처럼 보였던 재생과 너무도 달랐습니다. 오랜 경험과 수많은 학술적 토대가 쌓여 있는 선진 외국과 우리나라의 재생도 달랐습니다. 현실과 마주 섰을 때 그저 지금의 공간만 보았던 피상적인 태도에서 현재의 공간이 보여 주는 모습을 넘어 그 이면에 있는 수많은 이유를 더 깊이 생각해 보게 되었습니다. 적절한 정의를 찾는 것이 어려운 일이기도 했지만 그마저도 출발을 위해 한 발을 뗀 것에 불과했습니다. 이러면서 거창한 것이 아니라 작지만 귀한 삶의 모습 하나하나가 눈에 들어올 수 있었습니다. 고창에서 만난 한 그루의 귀한 노송. 모두가 그저 지나쳐 버렸던 그 노송. 그것은 그곳의 현실 저 깊은 속을 헤쳐 나이 일흔이 되시기까지 살고 계신 주민들이었습니다. 그제야 힘을 합쳐 고창을 변화시키시려는 많은 분의 용트림을 느낄 수 있었습니다.

그래서 '사람을 얻자, 서두르지 말고 천천히 해 보자. 함께 해 보자. 새로운 청년도 얻어 가자.'라고 마음먹었습니다. 그리고 2019년 고창군 도시재생센터를 맡으며 고창으로 들어올 마음을 가진 청년 직원을 공모했습니다. 그렇게 지원한 청년들 중에 전북대학교 조경학과 출신의 두 젊은이가 뽑혔습니다. 이 작은 시골 도시 고창에서 젊음을 불사르고자 한 이들이 정말 귀해 보였습니다. 그 이름은 서윤희와 최혜미, 두 명의 전북대 조경학과 졸업생이었습니다. 저는 다른 누구보다 그리고 그 무엇보다 이들을 가장 귀하게 생각했습니다. 도시재생의 중간 조직인 지방 소도시의 도시재생기초센터가 제대로 자리를 잡지 못하면 재생은 제대로 시작될 수 없다는 절박한 마음이 들었습니다. 무엇보다 이 중간 조직의 핵심은 이곳에 들어온 두 청년이라는 것이 제 마음에서 떠나지 않았습니다. '이들의 성공은 바로 재생의 성공이다.' 이 생각을 제 마음에 담아 두었습니다. 그래서 이들의 마음을 얻는 것이 제게는 가장 중요한 일이었고, 그다음에 계속해서 뽑을 모든 활동가에 대해서도 동일한 생각을 가졌습니다. 왜냐하면 그들은 현장을 누비게 될 저를 닮은 재생전문가로 활약할 것이기 때문입니다. 이렇게 생각한 그들은 현장에서 혼신을 다했습니다. 고창으로 주소를 옮기고 그곳에 살면서 고창을 이해하기 시작했습니다. 정말 고맙고 고마웠습니다. 처음에 주민분들을 찾아가 "도시재생센터에서 왔습니다."라고 인사를 드리면, 색안경을 끼고 퉁명스럽게, 때로는 매몰차게 대하기도 했습니다. 20대의 젊은이들이 받은 상처는 제 상처가 되었습니다. 이들을 토닥이면서 대신 나가서 대판 싸워 볼까 하는 생각도 들었습니다. 하지만 꾹꾹 참았습니다. 그리고 선대하며 이 두 명을 위로했습니다. "우리를 이해할 날이 올 거다. 그러면 그때 나도 거칠게 그들의 잘못을 지적해 주마."라고 말하며 참고 참았습니다. 주민분들에게는 가능한 한 웃음과 공손으로 대했습니다. 이런 자세로 주민과의 만남을 이어 갔습니다. 하루, 이틀 그리고 한 달, 두 달. 그분들께서 시간을 낼 수 있는 저녁 시간에 찾아갔습니다. "도시재생센터로 오세요~"가 아니라 "저희가 찾아가겠습니다~"라고 했습니다. 그것도 우리가 편한 낮 시간이나 일과 시간이 아니라 주민분들이 조금이라도 편한 저녁 시간에 찾아뵈었습니다. 우리는 그것을 '찾아가는 도재학당(도시재생학당)'이라고 불렀습니다. 그래서 우리 고창군 도시재생지원센터의 출퇴근 시간은 오전 10시부터 저녁 7시까지입니다. 물론 재생활동가들은 저녁 7시가 되어도 퇴근하지 못하는 경우가 많았습니다. 주민분들은 한번 말문이 트이면 밤이 찾아올 때까지 이야기하고 싶어 하셨기 때문입니다. 이런 사귐 속에 마음이 열리고 도시재생이 진행되기 시작했습니다. 물론 모든 분의 마음을 다 얻은 것은 아닙니다. 쓰라린 실패의 경험도 많았습니다. 주민 대표와 부닥쳐야만

했던 아픔도 있었습니다. 사욕과 끊임없이 싸워야 하는 아픔도 있었습니다. 하지만 '겸손, 겸허 그리고 공손', 이 세 단어는 고창군 도시재생지원센터 직원들의 머릿속에 각인된 가장 중요한 단어였고, 이제 고창군에서 도시재생 사업을 진행하는 마을 주민분들의 마음속에도 새겨지는 단어가 되었습니다. '겸손'은 모든 '분'과 '노(분노)'를 이기는 가장 큰 힘이요, 모든 '사적 욕심'을 이겨 내고 '공동체의 선의'를 만들어 가려는 능력이 되고 있습니다. 지금 고창군 도시재생지원센터에는 아홉 명의 현장활동가가 근무하는데, 모두 이 두 사람의 영향을 받으며 수많은 재생 기획을 스스로 해내며 새로운 재생 전문의로 자라나고 있습니다.

고창군 도시재생지원센터가 문을 연 지 4년째에 들어섰습니다. 도시재생 사업을 시작할 때 '공간, 주택, 주거지' 그리고 재생 '사업'만 바라보던 제 눈에 이제는 '사람, 마을 주민'과 '협동, 협력 그리고 나를 넘는 우리'라는 재생의 '마음가짐'이 자리 잡고 있습니다. 사업만 바라보면 그 사업 뒤에 꼭 따라오는 '정부 예산, 자금, 눈먼 돈'이 눈에 선합니다. 이것은 결국 분쟁의 빌미를 제공하고, 서로 갈라지게 만드는 독이 든 성배가 됩니다. 하지만 '우리'를 앞세우고, 사업이 아닌 '마음'을 앞세우면, 격렬한 논쟁과 논의가 있더라도, 그것은 '자기' 주장이 아닌 '우리' 주장이 되고, 우리 마을의 번영을 촉진하는 촉매제가 됨을 느꼈습니다. 이런 속에 서 있는 '나'는 당연히 '우리'와 더불어 행복해지겠죠?

재생이란 단어를 쓸 때 꼭 따라다니는 단어가 하나 있습니다. 그것을 우리는 '마중물'이라고 부릅니다. 이 마중물은 단순히 목돈, 지원금, 이런 것만을 뜻하지 않습니다. 이 마중물은 도시재생지원센터에서 일하는 젊은이들도 되고요, 마을에 남아 본 바닥을 지키는 구부러진 나무도 되고요, 마을로 들어온 귀농·귀촌인들도 되고요, 이 모두가 함께 일어서 보자고 다짐하는 마음가짐도 됩니다. 이 모든 것이 합쳐질 때 펌프에서 물이 콸콸 쏟아져 나오듯이, 그것이 마을 협동조합이든 마을 기업이든 아니면 그 어떤 또 다른 모습이든 우리 마을을 살리고 모두의 행복을 콸콸콸 쏟아져 나오게 만들지 않을까요? 우리는 모두 이런 마중물과 같은 공간계획가, 도시재생의, 도시재생 주민이 아닐까요? 이런 마중물과 같은 젊은이들을 귀하게 여겨야 하지 않을까요? 정치에 의해 도시재생이라는 정책도 문을 닫을 때가 올 것 같습니다. 그렇게 되면 고창군 도시재생지원센터도 아마 문을 닫게 되겠죠? 물론 세상에 영원한 것은 없다고 했습니다. 하지만 마을에, 젊은이들에게 그리고 많은 사람에게 자리 잡았던 그 희망만큼은 문을 닫지 않으면 좋겠습니다. 젊은이들의 희망만큼은 세상을 변화시키는 마중물로 잘 살려 주면 정말 좋겠습니다.

3

'어느 중간 조직 현장센터장님들'과의 인터뷰

   고창군 현장지원센터에서 활동하시는 두 분 센터장님의 이야기는 따로 뽑았습니다. 인터뷰 속에서 경륜이 묻어나는 이야기를 전해 주시기에 그 안에서 '재생'이라는 철학을 발견하게 됩니다. 단순히 신변잡기의 인생 이야기가 아니라 재생의 현장에서 깊은 고뇌와 갈등을 뚫고 전문가로서 뿜어내는 말씀이기에 센터장들만이 공감할 수 있는 글이라 이렇게 따로 실어 보았습니다. 조금은 작은 글씨로 색다르게 꾸며서 담아 두었지만 독자들에게, 특히 도시재생을 어렵게 어렵게 진행하는 분들에게 고이 전달하고 싶습니다.

Q1.

도시재생에 참여하게 된 계기와 참여하고 있는 자신에 대하여 짧은 소개를 부탁드립니다.

왜, 어떻게 참여하게 되었으며 도시재생 업무를 진행하며 가지게 된(달라진, 구체화된) 가치관과 지향점은?

진정 모양성 마을 도시재생현장지원센터장 [31]

고창군 도시재생에 참여하기 이전, 전라북도 전주시에 도시재생 테스트베드(Test-Bed, 시험 무대라는 뜻으로, 원활히 작동하는지 테스트하는 시스템)가 있었어요. 그곳에 대한 자문을 하고 참여하면서 도시재생 현장을 처음 접했습니다. 그다음, 전주시 덕진구 진북동에서 초기 도시재생 사업이 시작될 때 연구실을 그곳에 두고 현장에서 생활을 하기도 했어요. 그때는 그렇게 전문가 혹은 시간적 여유가 있는 사람이 직접 도시재생 현장에 들어가서 뿌리를 두고 활동하면, 사람들이 모이고, 그것으로 그 마을 동네에 긍정적 영향을 미칠 것이라고 생각했습니다. 직접 가서 활동해 보니까 생각처럼 단순한 사업이 아니더군요. 이

---

31) 진정 교수님은 전북대학교 건축공학과 명예 교수님입니다. 우리나라 건축학 1세대 강병기 교수님의 제자이십니다. 우리 사회에 상당한 영향력을 끼친 학자-사실, 더 자세히 쓰고 싶지만-였음에도 자신을 내세우거나 자랑을 늘어놓으신 것을 본 적이 없습니다. 현장지원센터장을 맡아 주시면서도 언제나 본인을 낮추시고 훨씬 어린 저를 기초센터의 센터장이라고 중심에 세워 주신 것을 경험하며 그 인품에 깊은 감동을 받곤 하였습니다.

이야기는 다른 답변에서 나중에 더 자세하게 말씀해 드리겠습니다. 결국은 그러한 일들 때문에 '도시재생, 쉬운 일이 아니다.'라고 생각하고 있던 찰나, 우연한 계기로 이번에는 고창군 도시재생을 도와주셨으면 한다는 말씀을 황지욱 교수에게 들었죠. 그래서 '그래요, 같이 한번 해 봅시다.' 하는 마음으로 이곳 고창에서 도시재생을 함께하고 있습니다.

도시재생을 하는 것, 정말 어려운 일입니다.

궁극적으로 도시재생은 주민들의 자발적인 참여와 공동체의 어떠한 가치를 찾아내는 것인데, 실제 지역의 사람들이 그렇게 활동할 만한 것이나 익숙함에 대한 변화는 거의 찾아보기 어렵습니다. 사실 말처럼 쉽지 않은 것이기도 하고요. 이론이나 책 속에서 '공동체'를 이야기하시는 분들을 찾아내기는 쉽지만, 실제로 지역과 현장에서 그런 사람을 찾아내기는 어려웠어요. 농업 사회에서 급격하게 산업 사회로 넘어오는 그 과정에서 과거에 있는 긍정적인 현상들이 다 사라지고 있다는 점도 있겠고, 그렇게 큰 의미의 공동체라는 개념을 현재 사회에 와서는 갖추고 있지 못한 탓도 있겠습니다. 옛날에는 어떻게 보면 외적인 환경과 조건에 의해 자연스럽게 공동체가 이루어졌었고, 자발적으로 공동체를 이루는 현상이 그리 많지 않았던 것도 현실이었으니 말이죠. 그래서 쉽지 않더라고요. 여기저기 도시재생에 함께해 보니까 정말 어려운 일이란 생각을 가지고 대하고 있습니다.

저는 어쩌다가 전라북도에 오게 되었고, 어쩌다 보니 전라북도에서 농과 대학의 교수를 하고 있어요. 이러한 직업을 가진 입장에서 한 가지 삶의 미션을 무엇이라고 느끼느냐 하면, 제가 가지고 있는 지식들과 지니지 못하고 있는 지식을 연결시켜서 나와 함께하는 공간과 지역에 보탬이 될 수 있는 방법을 찾고, 더불어 지역이 활성화될 수 있는 것을 생각하고 있는 것이죠. 초장기 도시재생을 추상적으로 떠올려 봅시다. 저는 맨 처음의 도시재생 사업이란 도시의 간판을 달아 주거나 후미진 벽을 더 멋진 색상으로 칠해 주거나 하는 방법으로 외관을 바꿔 주는 형식들이라고 이해하고 있었죠. 물론 농촌을 기반으로 하고 있는 도농 복합 도시 같은 경우에는 '그런 접근법으로 다가가면 도시를 더욱 어렵게 만들지 않을까?' 하는 의문점도 함께 품고서 말입니다. 그렇다면, 도시재생이라는 관점을 다시 생각해 보면 어떨까요. 이를테면 저희가 관심을 두고 있는 '옛도심'이라는 지역이 주변 농촌의 농산물과 같은 것들이 들어와 펼쳐지고 사람이 활동하는 플랫폼 역할을 해야 한다고 생각을 해 본 것이죠. 그러한 소통에 대해서 농과 대학의 교수, 농업을 전공한 학자들과 같은 다양한 사람이 옛도심에 있는 거주민의 삶을 이해하고 연계하는 관계를 가지면 얼마나 좋을까 생각해 봤습니다. 더 나아가 농과 대학의 입장에서는 농업의 기술 요소를 가지고 있는 농민들과 도시에 있는 상인들과의 연계성에서 도시재생 사업이 또 다른 시너지를 맞이할 수 있지 않을까 하는 생각을 도시공학과 황지욱 교수님과 늘 떠

---

32) 이학교 교수님은 전북대학교 동물생명공학과에 재직하고 계신 동물유전육종 분야의 전문가이십니다. 저 때문에 고창군 도시재생지원센터라는 험지(?)에 발을 디디게 되셨습니다만 사실 도농 복합 도시의 재생을 위해서 이분만큼 적합한 적임자는 어디서도 찾기 어려웠습니다. 열린 사고와 창의적 열정을 갖추고 계신 모습에서 저는 꿈도 꾸지 못했던 성과를 이루어 내시는 것을 보며 큰 배움을 얻었습니다.

올리고 그에 대해 많은 이야기를 나눠 보곤 했습니다. 고창 같은 경우에는 도농 복합 도시이기 때문에 기반이 되어 주는 농촌이 건강해지면 중심의 도농 복합 도시는 더욱 건강해질 것이라는 생각을 하게 되었는데, 마침 황지욱 교수님께서 그러한 도농 복합 도시재생 커뮤니티와 재생 프로그램을 진행하고 계셔서 너무나 반갑게 이야기를 하게 되었죠. 자연스럽게 도시재생, 도시를 잘 디자인하고 건축하는 일인 줄로만 알았는데, 그들의 삶을 연결시키고 연대하는 공간이 도시구나 하는 생각으로 이렇게 들어와 일을 하고 있죠. 이게 고창군 도시재생에 대한 관심의 시작이라 말해 볼 수 있겠어요.

그런 와중에 도시재생 이전 여러 형태로 농촌 마을 공동체를 위하여 진행되어 왔던 '생생마을 만들기'라는 실책 사업의 경험이 떠올랐어요. 그 과정에서 느낀 것이 뭐냐면, 마을의 가장 중요한 요소인 청년이 빠져 있는 거예요. 할머니, 할아버지와 같은 나이 드신 분들로 구성되어 있는 농촌 마을과 같은 공간에 지역의 대학들이 어떠한 형태로든 플랫폼 역할로서 그 안으로 들어가 직간접적으로 참여할 수 있다면 지역이라는 공간에 개입하여 청년들도 그곳에서 쉼터, 영감, 경험을 얻게 되는 것이 매우 중요하다고 생각했어요. 특히 농과 대학 학생들이나 관련된 청년들이 직접 들어와 활동을 해 주었으면 좋겠다는 마음으로 도시재생 사업도 그와 비슷한 점이 있다는 관심을 가지고 참여하게 되었습니다. 결론적으로는 하나의 연계 사상이 필요하다고 이야기하는 겁니다. 청년과 마을 공동체가 한 목적이 되어야 하고, 저는 그러한 것이 전라북도 내 농과 대학의 교수로서의 의무라고 생각합니다. 단순히 해도 그만, 안 해도 그만의 의무감이 아니라 부족할 수 있지만 결국은 해내야 하는 것이라고 생각합니다. 현재 진행형이에요. 잘하기 때문에, 지식이 많거나 똑똑하다는 권위감에 함께하는 것이 아니라 '그냥 해야 하는 것'이라는 마음에서 직접 도시재생에 부딪히고 있는 겁니다. 도시재생이라는 그 요소와 기술 중에서 제가 많은 걸 갖고 있지도 않고요. 피상적으로 건축, 조경, 예술, 디자인 등의 복합적인 접목 분야라고만 인지하고 있는 것이죠. 이 사이에 도농 복합 도시 혹은 농촌의 삶을 기반으로 하는 도시재생이라면, '농과 대학의 사람들도 충분히 뛰어들 수 있고, 중요한 요소를 가지고 있을 수 있다. 잠재력이 있다.'라고 판단하고 있습니다.

궁극적으로, 사람은 사람과 사람 사이에 삶을 공유하고 행복하게 만드는 것을 지향하며 살아가야 합니다. 그러므로 모두가 서로 소통하고자 해야 하며, 결국 각자가 사람을 매개하는 역할로 존재해야 합니다. 농촌에서 아주 농사를 크게 하시는 분마저도 소득이 중요한 것이 아니라 한 사람, 공동체의 일원으로서 그 지역을 활성화할 의무가 있다고 알릴 겁니다. 더불어 지역의 시장은 그 농사를 지은 이가 지역의 물건을 유통하는 플랫폼이 되어 사회적 소통의 역할을 해야 한다고 주장하겠습니다. 나는 이러한 것을 알리려 여기에 서 있는 것인지도 몰라요. 다시 처음의 이야기로 돌아가서, 처음의 도시재생 모습처럼 단순히 간판을 바꿔 주고, 조경을 신경 쓰며 외관을 멋있게 바꿔 주는 것은 과연 그게 도시재생이 맞는 것일까 다시 한번 생각합니다. 사람과 사람을 잇는 것이 도시재생이고요, 그렇게 저도 도시재생의 일원이 될 수 있을 것이란 생각에 함께하고 있습니다.

Q2.

주요 연구·관심 분야 또는 **담당 업무는 무엇입니까?**

진정 모양성 마을 도시재생현장지원센터장

저는 건축을 연구합니다. 과거의 건축은 시각적으로 아주 이상적이고 아름다운 결과물을 도출해 내는 것이었고 그러한 생각들이 기본적인 건축물들에 대한 사람들의 보편적인 시선이었죠. 저도 그랬습니다. 그런데 시간이 지나면서 본질에 집중해서 다시 생각하게 되더군요. 건축의 목적에 집중해 봅시다. 결국은 사람이 잘 살자는 것이더군요. 잘 살자는 것에 대한 여러 가지 조건을 생각해 보세요. 의식주 중에 내가 사는 주거 공간 혹은 생활하는 어떠한 건물 속에서의 사람, 삶 이런 것이기 때문에 기본적으로 삶의 목적에 부합되는 건축이 아니면 안 됩니다. 도시의 건축도, 마을의 건축도, 마찬가지로 결국엔 모든 조건이 삶이라는 것이죠. 대단하고 특별한 드라마 속의 삶이라든지 특별한 계층의 삶이 아니라 평범한 사람들의 일상적인 삶을 수용할 수 있는 것이 궁극적인 건축의 목적이었습니다. 일상을 수용하고 그것을 질적으로 높여 주고 거기서 아름다움을 느끼게 하는 것이 건축이나 도시가 추구해야 할 궁극적인 방향이 아닌가 생각합니다. 절대 미학의 관점 혹은 순수 미학적인 관점에서의 아름다운 예술품, 예술적인 공간 같은 것이 아니라 그저 단조로운 삶의 질을 높이고 그 삶들을 아름답게 만들고 그 속에서 생활하는 사람들의 꿈을 실현해 주는 그러한 환경의 건축, 그러한 물리적인 관점에서의 건축, 결국엔 그러한 도시로 만드는 것이 더 중요하다는 생각을 가지고 그것들에 관심을 많이 두고 있습니다.

주로 관심을 갖고 있는 부분은 농촌의 소득을 개선할 수 있는 요소를 연구하고 있습니다. 수도권에서 농촌으로, 그게 아니면 소도시로 내려오는 대부분의 사람이 큰 노동력을 갖고 있거나 대규모 자본을 가지고 지역으로 오는 상황이 아니라면 그들이 할 수 있는 것은 대부분 염소나 작은 동물들을 키워 소규모의 소득이라도 어떻게 이끌어 낼 수 있을까 가장 먼저 고민하게 됩니다. 특이하게도 부안이나 고창 지역의 경우에는 굉장히 큰 규모의 농사를 짓는 분들이 많아요. 한우 같은 경우에도 500두에서 600두, 몇십억 원이 되는 규모의 축산업을 하시거나 고구마 농사를 하신다고 하여도 몇만 평씩 방대한 규모로 지으시는 경우가 있죠. 이렇듯 규모화된 농민들을 소득으로 연결시켜 그분들이 더욱 저비용으로 효율성 높게 많은 소득을 얻을 수 있는지와 관련된 연구와 기술을 개발하고 있죠. 최근에는 다양한 기술 연구 중에서도 건강한 먹거리와 건강한 사료로 건강하게 고기를 생산할 수 있는 시스템에 관심을 두고 있어요. 건강한 생산 시스템은 동물 복지나 윤리적인 측면도 있지만, 실제로 우리가 고기를 먹을 때 맛에서도 큰 품질 차이를 느낄 수 있어요. 예를 들어 병에 걸려서 아팠던 소의 고기를 사람이 먹게 되면 맛도 별로 없고요. 아무런 정보를 제공하지 않았는데도 좀 이상하다고 느끼게 돼요. 소의 단백질 생산 체계가 결론적으로 그렇게 나타나요. 생태 순환 축산으로 키워진 소는 다르죠. 가축에게 발효 미생물 등을 섭취시키고 생태적으로 건강하게 회복하고 성장할 수 있는 생산 시스템을 갖추게 되면 환경적인 결과와 맛, 가치의 차이가 크게 두드러집니다. 이렇게 더 건강하고 더욱 저렴한 비용으로 가축을 키워 낼 수 있는 생산 시스템에 관심을 갖고 있어요. 그러한 시스템으로 도축된 고기들을 음식으로 만들어 내거나 브랜딩을 한다거나 하는 부분에도 관여를 하고 있죠.

한국 고등학교의 교육 과정을 생각해 봅시다. 대부분 스스로 기획하는 것보다는 이미 기획된 내용을 학생이 습득하는 형태로 받아들여져 왔어요. 저도 그러한 교육 속에 있던 학생 중 한 사람입니다. 자의적인 판단에 의해, 스스로의 길 또는 운명을 결정하지 못했다는 생각을 많이 갖고 있습니다. 그래서 깊이 고찰하게 됐죠. 소를 키운다거나 돼지를 키우는 행위보다는 내가 어떤 본질을 추구할 것인가를 고민하는 과정에서 농과 대학에 들어가야겠다고 선택을 하게 됐어요. 도망가기보다는 그것을 가지고 새로운 대안을 찾고, 지역에서 농업을 하고 있는 분들과 대화를 하고 그들과 삶을 연대하면서 '농촌이 건강해야 도시가 건강해진다.'라는 일념으로 '나 이거 해야 되겠다.' 하는 소명 의식으로 걸어가고 있습니다.

Q3.

고창군 도시재생지원센터는 2021년 도시재생에 이바지한 공로로 '도시재생한마당 잔치'에서 최우수상을 수상하였습니다. **참여하며 진행해 왔거나 진행하고 있는 과제 또는 참여 이전이라도 도시재생에 영향을 주었던 가장 기억에 남는 일**에 대해 소개를 부탁드립니다.

진정 모양성 마을 도시재생현장지원센터장

질문을 듣고 나니, 예전에 '하려고 했던 꿈' 이야기가 떠오르네요. 이전 질문에서 다음에 자세하게 말해 주겠다고 했던 이야기예요. 이전에는 도시재생 진행에 어려움을 겪는 것은 참여하는 사람이 문제라고 생각했습니다. 도시재생의 일은 사실 희생하여야 하는 일인데. 현대와 같은 사회에서는 순수하게 자원봉사 같은 일들에 쉽게 나설 사람이 없죠. 그래서 재생사업에 참여하려는 사람들은 대상지에 속한 사람들을 자극해서 참여할 수 있도록 하는 역할이 필요했고, 그게 나 같은 사람이면 충분하리라 생각했습니다. '나 같은 사람'이란 공직 혹은 교직에 있다가 퇴직을 한 탓에 관련 경험이 많으며, 직접 사회봉사도 할 수 있고, 사회적 경험도 많고, 사람들에게 관심과 여유가 많은 사람. 그러한 사람이 아니더라도, 나이가 들어 신뢰감과 존경을 받거나 할 수 있는 이들이어야 작은 행동으로도 큰 효과를 얻어 낼 수 있을 것이라 생각했습니다. 그러면 잘할 수 있을 것이라 생각했어요. 그래서 그 현상 안으로 들어가 자리를 잡고 '아주 죽어 있는 것들에 움직임을 줘야

지.'라고 생각하며 나와 연결된 제자 혹은 동료와 같은 가까운 사람을 도시재생 현장으로 모으기 위해 직접 전주시에서는 도토리골에 들어가기로 했죠. 주변에서는 그렇게 험한 곳에 왜 가느냐고 다들 반대를 했지만 직접 열악한 곳에 먼저 가 씨를 뿌리고자 하는 마음이었습니다. 당시에는 그곳에 무허가 건물이 많았던 탓에 한눈에 봐도 그 마을은 열악한 분위기를 자아냈죠. 제가 들어간 집의 앞뒤로는 노인분들이 살고 계셨고, 무당집도 있었습니다. 외관뿐만 아니라 사람들 간의 신뢰, 정 같은 것도 쉽게 찾아보기 어려웠죠. 하루는 책상에 앉아 책을 읽고 있는데 소방차 사이렌 소리가 들리더니 시청 직원이 문을 두드린 일이 있었습니다. 무슨 일인지 살펴보니, 한 주민이 트럭을 몰고 가다 솟대에 차가 걸리자 솟대 주인에게 감정을 품고 집 앞 솟대에 연기가 난다며 소방서에 신고를 해서 소방차가 출동했던 것이었습니다. 소방법상 출동에 대한 과태료를 내게 하여 골탕을 먹이려 했음이었죠. 그만큼 주민들이 서로를 이해하고자 하는 공동체가 형성되어 있지 않고, 삭막한 분위기가 가득했어요. 그 현장 안에 직접 들어가 도움이 되었으면 좋겠다는 일념으로 '내가 이들에게 무슨 도움을 줄 수 있을까?' 고민하면서 해 드릴 수 있는 일, 내가 할 수 있는 일들을 먼저 찾았습니다. 이를테면 가로등 불이 나갔으니 고쳐 달라는 간단한 민원 업무를 도와드리는 것부터요. 이런저런 일이 많이 있었지만, 결국에 그곳이 '재난지구'로 지정되어 공원이 만들어진다는 소식을 마지막으로 내쫓기듯 나오게 되었습니다. 하지만 그때의 경험이 나에게는 도시재생 현장의 시작이자 도시재생과 관련하여 일을 하게 만든 최초의 일들이었던 것은 분명합니다.

철학은 없습니다. 그러나 현장 사람들을 이해하려는 노력이 필요할 것 같네요. 개인마다 이해관계가 다르고, 자라 온 환경도 다르며, 가치관도 다를 것입니다. 혹자는 이기심도 있을 것입니다. 같은 일에 서운함을 느끼는 사람도 있을 테죠. 그래서 사람을, 서로를, 잘 이해하려는 노력이 필요합니다.

　4년 전쯤에 전라북도의 상황에 대해 심각성을 인지하게 되었어요. 전라북도를 포함한 지역 전체에 점점 사람이 없어지고, 청년들은 점점 더 서울로, 경기도로 빠져나간다는 현실 말이에요. 그러면 결국에는 지역의 삶과 공간들이 점점 폐쇄되어 갈 것 같다는 의식을 갖게 된 거죠. 그리고 학교 현장에 있어 보니 학교도 똑같은 일이 벌어지고 있는 게 아니겠어요? 시간이 갈수록 점점 더 많은 사람이 학교로 오는 것이 아니라 점점 더 적은 사람이 와서 강의실 자리를 채우고 있는 상황이었죠. 지역의 불안정함을 크게 인식하고 있던 상황이었어요. 그 사이에서 역으로 재미난 사실을 발견했는데, 한국이란 나라는 굉장히 매력적인 나라가 되어 있더군요. 어느샌가 한국은 와 보고 싶은 나라, 한국인은 만나고 싶은 사람들이 되어 있었어요. 참 신기한 현상이었죠. 그러한 현상은 청년이 한국적인 문화를 가지고 세계에 도전장을 내민 사례가 성공적으로 나타났기 때문이라고 생각했죠. 이를테면 BTS와 같은 사례 말입니다. 다들 이 현상을 저와 같이 느꼈을 줄로 압니다. 그래서 저는 '이제 우리나라에 많은 외국 학생이 오겠구나.'라고 생각했어요. 2022년도 현재 전북대학교를 봐도 그 안에 외국인 학생이 1,400명 가까이나 돼요. 외국인 전체 학생의 비율 중 70%가 중국 학생이고요. 나머지 30%는 아프리카, 남미에 이르기까지 많은 국적의 학생이 한국에 와 있습니다. '그럼 그들을 통해서 지역과 삶의 공간을 좀 더 화려하거나 가치 있게 만들 수는 없을까?' 생각해 봤습니다. 단순히 지역과 대학을 학생이 와서 공부해 나가는 터전으로 생각하는 것이 아니라 '그들의 문화와 그들의 생각을 펼칠 수 있는 하나의 브랜드를 열어 주면 어떨까?' 하는 좀 황당한 생각을 하게 됐어요. 외국인 친구들이 자기네 문화의 핵심인 음식을 가지고, 전주의 한옥 마을 근처에서 식품 사업을 한다든지 하는 시스템. 지역과 학생, 다문화와 같이 전반적인 분야에서 굉장히 좋은 콘텐츠라고 생각했죠. 그래서 전주 한옥 마을 근처 객사라는 상권에 점포를 하나 임대를 하게 됐죠.

그리고 그 점포를 운영해 나갈 자금을 6개 분야의 전공 교수님들과 모으기 시작했어요. 국제학부, 프랑스학과, 아프리카학과, 그다음 농과 대학 그리고 농경제학과의 교수님들과 자금을 모았죠. 그 후에는 아주 건강한 단백질을 생산하는 돼지 농가의 사장님들을 찾아가 함께하자 제안을 했죠. 생산자와 연구자가 함께 모여서 외식 산업을 해 봅시다 하고 협동조합을 만들게 되었죠. '글로벌푸드컬쳐 협동조합'을 만들었어요. 이름에도 이유가 있죠. 푸드는 항상 문화를 따라가게 되니까 그러한 내용을 반영해서 이름을 정했죠. 그렇게 협동조합을 설립하고, 「온리핸즈」라는 식당의 공간을 꾸려 놓고 나서는 메뉴를 생각했죠. 우리 농민이 가장 가치 있게 생산한 식재료를 가지고 스테이크도 개발하고, 독일에서 가장 유명한 친환경 조리 방식인 메뉴도 그 과정 중에 탄생했어요. 그렇게 했던 일이 기억에 남는군요.

Q4.

이러한 활동, 마음가짐, 경험 등이 앞으로 관련 분야 또는 **우리 사회에 어떠한 영향**을 주게 될 것이라 생각하십니까?

저는 도시재생 자체가 큰 의미가 있다고 보지는 않습니다. 그런데 이렇게 도시재생이라는 사업을 시작함으로써 기존의 현상들이 가지고 있는 문제점도 드러나고, 무엇이 필요하겠다는 생각 정도는 할 수 있겠죠. 이런 과정들을 통해서 앞으로의 방향을 잡을 수 있지 않을까 생각합니다. 그렇다고 하여 도시재생이라는 것이 모든 문제를 해결할 것이라고 판단하지 않았으면 좋겠습니다. 오히려 조금 다른 측면으로 시도를 해 보았고, 가능하면 그것이 주민의 자발적인 것 또는 주민의 공동체 의식을 자극해서 지금까지 살아온 그 삶의 틀을 완전히 바꾸는 게 아니고 그 속에서 함께 무언가를 이루었다 하는 경험이 또 다른 새로운 시도를 하는 데 출발점이 될 수 있지 않을까 정도의 생각을 해 봅니다.

금년에 사업이 끝난다고 해서 모양성 마을이 갑자기 공동체가 단단하게 결속되고, 갑자기 일자리가 창출되며, 옛도심 지역이 갑자기 장사가 잘되어 소득이 두 배 세 배가 된다고 하는, 우리가 기대하는 일은 당장 일어나지 않을 것입니다. 지금의 문제를 도시재생의 여러 가지 방법으로 접근을 해 보고, 어떤 문제가 있고 어떠한 장점이 있는지를 모색

할 수 있는 기회가 되었다는 것에서 의미를 찾으면 좋겠습니다. 저는 도시재생이 최종 결과나 목표가 아니라, 그것을 출발점으로 하여 또다시 새롭게 도전해야 한다고 생각합니다. 도시나 지역, 협동조합, 여러 가지 제도 등 다른 측면이나 관점에서의 접근을 반복하며 끊임없는 과정의 연속을 이루어야 하겠죠.

이학교 옛도심 지역 도시재생현장지원센터장

앞에서 「온리핸즈」라는 브랜드의 협동조합을 설립하여 만들었다는 이야기를 했어요. 제가 이사장으로 참여하고 있고, 교육도 그 안에서 진행하기도 하고 받기도 하고요. 그리하여 결국은 우리나라 학생들은 물론, 외국에 있는 학생들이 여기에 와서 직접 아르바이트를 하고, 그것이 확장이 되어 다른 점포도 가게 되고, 직접 창업하기도 하는 모습. 여러 나라의 음식을 전주의 한 공간에 전시하여 보여 주고 함께 즐기는 모습을 꿈꾸며 시작했었죠. 불행스럽게도 시작하자마자 1년 만에…. 코로나19 바이러스가 "터졌다."라고 표현해도 될까요? (웃음) 결론적으로는 전염병이 확산되어서 뜻하지 못한 적자의 상태에 부딪히게 됐지만, 지역 속에서 그러했던 시도 자체가 '의미 있었다.'라고 생각하고 있습니다. 또한, 하나의 실제 사례를 청년들에게 직접 보여 줄 수 있게 된 것도 큰 의미가 있었다고 생각합니다. 우리 청년들에게 아무런 것도 해 보지 않고, 좋은 것과 나쁜 것을 이야기할 수는 없다는 생각이었기 때문이에요. 모든 실패와 성공을 두려워하지 않고 보여 주고 싶어요. 다양한 측면에서 보면 이러한 것도 도시재생의 한 연결 요소가 되어 주지 않을까 싶었습니다. 향후에 우연한 기회로 고창과도 연계하거나 벤치마킹할 수 있는 사례가 되어 줄 수 있겠다는 생각도 해 보고 있습니다.

사회는 다양한 사람이 다양한 시도를 해서, 그 과정을 공유하면서 살아가는 공간이죠. 결국 어떠한 본질을 같이 추구하는 방향으로 나아가게 된다면, 사회는 그것이 나쁜 것이 아니라면 결국 수용하게 되겠죠. 제가 다양한 활동들로 바라 왔던 것은 그런 거예요.

도시재생은 현장에 있는 주민분들이 다 주인이 되어서 앞으로 나와 주어야 해요. 그런데 그럴 수 있는 여건이 아니라면, 기존 주인분들이 좋은 주인을 모시고서 좋은 협업을 만들어 내면 또 다른 방법이 되지 않을까 하는 생각이에요. 모두가 주인이 되면 모두가 다 행복해지잖아요. 우리 모두 '우리가 주인이고 주인들을 불러들여야 한다.'라는 마음으로 도시를 재생하는 것이 굉장히 좋은 상황을 불러일으키게 될 것이라 봐요. 너무 광범위하게 말했나요? 꼭 이곳에 사는 사람만이 주가 되어 도시를 꾸려 가는 것에는 한계가 있지 않을까요? 지역 밖의 외지인, 외국인이 와서 주인 의식을 갖고 고창이라는 공간을 꾸며 나갈 수 있는 그런 건 어떨까 함께 생각해 봅시다. 그런 관점에서 저도 오게 된 부분도 있고요. 외지인이지만 이렇게, 함께 동참하고 싶어요. 고창의 협동조합에 동참하고 내가 갖고 있는 지식을 통해서, 직업을 통해서, 함께할 청년들을 연결시켜서 높은 퀄리티의 것들을 만들어 낼 수 있다면! 얼마나 좋을까요. 이제는 4차 산업 혁명의 시대니까, 꼭 굳이 서울의 좋은 상가가 아니더라도 여기 고창의 앞마당에서 예쁜 꽃밭에서 물건을 팔 수도 있는 자유로운 상황까지 걸어왔잖아요. 한계가 사라진 시대에 한계를 두면 안 된다고 생각해요.

Q5.

<u>도시재생을 해 오면서 겪었던 일들</u>(좋기도 했고 나쁘기도 했던)**은 있**
으셨나요? 그러한 일들 안에서 "꼭 이것만은 바로잡고 싶다."라는 것
이 있었는지, 만약 있었다면 그것이 현재 어떻게 변화되고 있는지 이
야기해 주실 수 있을까요? 아니면 **적어도 "이것은 어떻게 고쳐지면**
좋겠다."라고 생각하는 바가 있을까요?

진정 모양성 마을 도시재생현장지원센터장

우리가 해야 할 일은 바로 이 동네를 위해서, 내가 사는 곳을 새롭게 만들고 활력을 불
어넣으며 일자리를 만들어 아름다운 생활을 할 수 있는 공동의 삶의 근거지로 만드는 것
입니다. 이러한 생각을 보통은 쉽사리 하지 않는다는 것이 제일 문제인데, 이것을 어떻
게 끌어내느냐가 관건일 것입니다. 우리가 흔히 말하는 센터의 중요 역할인 주민 역량 강
화는 이와는 좀 거리가 있는 듯합니다. 역량 강화라는 말은 기술을 교육하고 이를 근거로
일자리를 만들자는 개념에 가깝습니다. 도시재생에서 이론을 가르치고 지식을 많이 전달
하면 역량 강화가 될 것이라고 생각하는데 그렇지 않습니다. 차라리 도자기를 만든다는
목적이 생겼을 때 도자기 교육을 지원하고 이를 통해서 성장하고 이런 경험이 중요한 것
은 아닌지…. 무슨 교육을 할 것이냐, 교육이 무엇을 위한 것이냐 하는 고민이 가장 먼저
선행되어야 할 것 같습니다. 이렇게 주민들이 적극적일 경우 우리가 도와줄 수 있는 게

더 많을 수 있습니다. 주민들이 주도적인 역할을 하고 우리가 뒤에서 뒷바라지하는 역할. 그래야만 맞습니다.

그런데 모든 걸 재생센터가 앞서 한다거나 센터가 앞서 하라고 하는 것은 어려움이 있습니다. 옛날에 센터가 없어서 공무원이 집행했는데 지금은 센터가 활성화되었기에 앞장서서 하게 된 것일 수도 있겠지만 이런 구조를 만든 것은 제도 자체에 문제가 있어 보입니다. 차라리 주민들이 알아서 하겠다고 하면 모든 것을 주민들에게 맡겨 두고 과정을 엄격하게 감독할 수 있는 방법을 연구했다면, 즉 이렇게 원활히 진행되지 않는 것에 대해 대학교에 연구 과제로 주어서 제대로 하고 있는가를 따지는 것이 좋은 방편이라고 생각됩니다. 그런 것이 지원센터가 해야 할 일이었어요. 오히려 그렇게 바뀌었어야 역량 강화가 제대로 평가되지 않았을까요? 또 주민이 사적 이익을 취하려 하는 것을 역량 강화를 통해 해결할 수 없으니, 대학에서 분석한 자료를 통해서 보고하면서 그런 생각을 안 갖게 만드는 것이 필요하리라는 것입니다. 억지로 역량 교육을 끌고 가는 것이 필요하지 않은 것 같습니다. 차라리 공동체 의식을 주는 교육을 한다면 어떨까요.

이학교 옛도심 지역 도시재생현장지원센터장

도시재생의 현재 구조를 들여다보면요, 참여하는 주민들이 굉장한 시간과 열정을 가져야만 도시재생을 움직여 나가게 되어 있죠. 그런 구조에 그분들이 그렇게 많은 시간을 들일 수 없다는 한계를 갖고 있다 보니까, 현장에서 어려움이 계속 생기는 것 같아요. 충분한 시간을 들여서 도시재생을 검토하고 깊이 들여다봐야 하는 주체인 주민들이 누군가에 의해서 정보를 전달받고, 짧은 시간 내에 그들의 의견이 전달되고 하는 정도만 가지고 움직이다 보니까 나중에는 그들 스스로 '도시재생이 진짜 나에게, 우리에게 필요한 것일까?' 하는 의구심을 만들어 내요. 심지어는 거부까지 해 버리기도 하고요. 또 다른 하나는 사람들이 모이는 일이다 보니, 이해관계가 상충해서 그 갈등 때문에 그게 다시 비틀어져 버리거나 원점으로 돌아가 버리는 현상들이 이상하게 반복되기도 하죠. 결정이 되면 그 길로 가야 하는데, 계속 가다가 되돌아가고, 다시 잘 가다가 또다시…. 이래서는 결국 일도 진척이 어렵고요. 그러면 결국 주민으로서 권리 주장 표현은 높아지고 참여와 의무에 대한 부분은 소홀해지기 마련이죠. 주체들의 거부감 표출과 이해관계의 상충은 결정을 해야 하는 행정 조직도 어려워지게 만들죠. 그렇게 되면 중간 조직에 있는 분들마저 굉장한 어려움에 처하게 되는 거예요. 다중적인 고생과 어려움은 대부분 중간 조직에 있는 사람들이 짊어지게 될 수밖에 없는 상황이 초래되고, 센터장인 저의 입장까지 굉장히 난감해지는 일들이 벌어지는 거죠. 물론 그것도 모든 과정 중 하나겠지만, 그런 상황일 때 가장 어렵고 힘들고…. 그렇죠.

저희는 아주 짧은 시간 안에 고창에 살고 계신 주민들의 큰 커뮤니티를 이해해야 하기 때문에 아주 잠깐씩 머물며 일하고 주민분들과 스킨십을 한다는 게 꽤 어렵죠. 지역에 짧은 시간들을 투여할 수밖에 없는 상황에서 실제 주민과 지역의 내용을 인지하기 어려운 부분이 많이 있기도 하고요. 그래서 휴일에도 잠깐씩 고창에 와서 주민분들을 만나고 고창 지역만의 맛을 느끼기도 하고, 시장도 가 보기도 해요. 그러면서도 이것을 언제 다 이해할 수 있을까 하고 방대한 지역의 크기에 난감해지기도 하죠. 생각보다 도시재생이란 분야는 저희 중간 조직이나 센터장의 역할이 굉장히 복합적이고 다양할 수밖에 없는 상황이에요. 심리적인 요인, 또 문화적인 요인, 공간의 어떤 건축이라든가 다양한 전문성도

있어야 하고, 사람이 모인 조직 가운데에서 논리적인 부분도 있어야 하고, 더불어 이해관

계의 상충을 해결해야 하는 부분도 있기 때문에 쉽지 않은 일들입니다. 많은 문제를 극복

하기 위해 다양한 전문가의 도움도 필요한데 현실적으로 적은 예산과 작은 인력으로는

한계에 많이 부딪히는 형편이라 힘든 부분이 있기는 합니다.

Q6.

도시재생을 진행하며 가장 어려웠던 부분은 무엇이던가요? 그러한 **어려움을 극복하고 현재까지 활동을 이어 올 수 있던 원동력**은 무엇일까요?

진정 모양성 마을 도시재생현장지원센터장

보통 우리가 생각하는 도시재생은 정부의 지원을 받아 물리적인 환경을 개선하고, 개인의 일자리 창출의 소득을 늘림으로써 한 지역이 조금 더 활력을 띠게 되고, 이로 인해 주민 참여도가 높아지는 그러한 개념을 생각합니다. 하지만 실제 도시재생은 생각처럼 아주 순조롭게 진행되지는 않습니다.

예를 들어, 우리가 실험을 할 때 다른 조건을 싹 빼고 어떠한 조건 하나를 넣어 효과가 있느냐 없느냐를 따집니다. 그렇지 않고는 이 현상이 어떤 요소에 의해 도출된 결과인지 알 수 없기 때문이죠. 하지만 사회 현상이라는 것은 아주 복합적으로 여러 가지가 얽혀 있어서. 마치 학술적인 연구를 하듯이 다른 조건들을 싹 배제하고 어떤 것 하나만 집중할 수 없는 형태입니다.

어떻게 보면 재생 사업도 그러한 측면이 있는 것 같습니다. 지금까지는 그저 '재생'이라는 것에만 관점을 두었는데, 사실 도시재생에도 얽힌 요소들이 너무나 많습니다. 예를 들어, 지방 선거에서 군수 하나만 바뀌어도 직전에 참여했던 사람들은 모두 뒤로 사라져 버리고, 같은 분야에 참여하는 사람들끼리의 갈등도 생기기 마련이니까요. 또 사업을 밀고 나가며 진행해야 하는 상황에서도 예산 배정이 되지 않으면 시설들을 지어 놓은 사람도 없고, 우리도 없는 아주 복합적인 상황이 초래됩니다. 도시재생 사업을 하며 땅을 팔지 않아 부지 매입에 난관이 있기도 하고, 위원장과 같은 사람이 도시재생 사업을 진행하며 개인의 이득을 취하려고 한다든지, 도시재생이라는 것은 복합적인 사회 현상 안에 존재하기 때문에 언제든 다양한 어려움에 직면할 수 있는 것 같습니다.

이학교 옛도심 지역 도시재생현장지원센터장

우리 도시재생에 있어서 많은 생각이 들게 하는 질문이군요. 지금 하는 이야기는 어렵거나 나쁘다는 기준의 문제라기보다는 언젠가 깊이 있게 하고 싶었던 부분에 대하여 짧게 나눈 대화가 될 거예요. 하나는 구조가 좀 애매하고요, 다른 하나는 너무 짧은 시간을 들여 방대한 것을 이해해야 한다는 것이죠. 가장 먼저 도시재생의 현재 구조는 뭔가 좀 애매해 보여요. 도시재생 현장에 국가 예산을 받아 오기 전의 제안 및 계획 단계가 너무 짧았던 탓인지 모르겠지만, 일부의 의견이 크게 들어가다 보니까 도시재생을 실현하는 시점에서는 현장에서 그 일부의 의견을 공감하고 받아들이지 못하는 일들도 꽤 여러 부분에서 존재하는 것 같았어요. 제안 단계부터 더욱 많은 시간을 들여 고창 군민과 함께 충분히 토론하고 움직이고 준비하여 결정이 되었다면 더 좋았을 거란 생각을 했어요. 급하게 결정된 것들로 계획서가 세워지면 그 계획을 바꾸기 굉장히 어렵다는 문제가 생기기도 했어요. '계획'은 유연할 수밖에 없는 것인데 도시재생에서는 계획이 군과 도, 국가의 여러 가지 행정 시스템에서 차단되는 형태로 되어 버리니까 현장에서 독립적이고 유연한 가치를 실현하기는 사실 되게 어려워져 버리는 거죠. 어떠한 방법으로든 본래의 목적을 달성하는 것이 본질적이고 중요한 것 같은데, 정해진 계획을 달성하는 것으로 잘못 진행되어 가고 있는 건 아닐까 생각했어요. 계획 단계에서 시간을 충분히 확보할 수 없다면, 사전에 그 계획을 광범위하게 기획하고 준비할 수 있는 기초센터의 역할을 더욱 강화시켜 주었으면 했죠. 그것이 어렵다면 도달하기 어려운 목표가 적힌 계획을 유연하게 움직일 수 있는 의사 결정 구조를 만들어 주었으면 하는 부분까지 생각해 봤어요. 현장에서 대부분 이것들을 제일 어려워할 거예요.

원동력을 이야기하자면 매력을 계속 느끼기 때문일 겁니다. 고창은 정말 매력 있는 지역이에요. 도시재생 현장의 주민뿐만 아니라, 한우를 키울 수 있는 농가, 염소를 키우는 농가들과 그와 관계된 군민들을 만나서 밥을 먹곤 해요. 농업 소득을 계산한다는 것은 그들을 배불리 먹이는 것이 아니라 그 지역의 커뮤니티와 자원을 활성화시켜 주는 역할을 한다고 생각해요. 그래서 저는 기꺼이 구분 없이 지역의 생산 현장에 가서 많은 이와 대화를 나누고, 그러한 영향이 옛도심 지역에도 연결되기를 바라요. 도농 복합 도시 안의 현장이라면 이런 것들이 되게 필요하다고 생각하고 있고 각각의 두 부분이 결합되면 더욱 다양한 도시재생 솔루션이 가능할 것이고, 그 안에서 찾아낼 수도 있지 않을까 하는 막연한 생각도 있어요. 그래서 고창에서 유원지도 가 보고요. 앞서 말한 것처럼 다양한 공간과 다양한 사람과 함께 밥을 먹고 있어요. 개인적인 힐링뿐만 아니라 고창은 다른 곳보다도 '여기에서 놀고 싶게 만드는' 지역이에요. 알면 알수록 고창은 매력 있고 무궁한 커뮤니티 자원이 있는 곳이에요. 올 때마다 느끼거든요. 매번 색다른 느낌이니까요.

Q7.

도시재생을 현장에 적용하고 실행하는 <u>도시재생활동가로서 갖고 있는 철학(실행 철학)</u>에 대해 말씀해 주십시오. 그리고 **앞으로 도시재생 현장의 중·장기적 비전은 어떻게 되어야 할지 자유롭게 제시**해 주십시오.

<u>진정 모양성 마을 도시재생현장지원센터장</u>

인위적이고 부자연스러운 것은 옳지 않다는 것입니다. 돈이 없으면 없는 그대로 맞는 건물을 지어야 하고, 돈이 없는 상황에서 돈을 많이 쓸 수밖에 없는 건물을 짓는 것은 바람직하지 않습니다. 이를테면 집을 지을 때도 마찬가지입니다. 외국의 이런 건물이 좋고 어여쁜데, 왜 고창에는 이런 건물밖에 없느냐고 말하는 것은 어딘가 어색하죠. 지역은 지역답게 주어진 여건과 주어진 상황을 고려한, 일상적인 생활의 모습이 반영된 집을 지어 인위적이지 않은 모습을 보여야 합니다. 아주 검소한 재료를 쓰고 검소하게 집을 지었음에도 그것이 편하고 그들과 지역의 생활에 맞는다면 그것이 옳은 것이라고 생각합니다.

영화배우나 드라마 주인공들과 같이 화려한 연예인의 삶 또는 정치가들의 권위적이고 커다란 삶을 보며 고급스럽고 좋은 건물을 가졌음에 부러워하지만, 그들은 그들의 삶에 맞춰 보여 주기 위한 집들을 짓고 생활할 수밖에 없다는 것을 알아야만 합니다.

국가가 서울에 오페라하우스 같은 거대한 랜드마크를 짓거나, 독립을 기념하는 거대한 구조물 또는 기념관 건물을 짓는 등 국민에게 혹은 세계에 대내외적으로 정치적인 어떤 의미를 보여 주고, 목표를 달성하려는 방식으로 사용되는 건물들이 있습니다. 역으로 평범한 삶과 일상적인 삶을 수용하는 건물이 있죠. 다른 지역은 그 지역 주민을 상대로 하는 건물들이 있듯이, 고창은 고창답고 고창 사람들을 위한 건물이 있는 거예요.

노인 중에도 아주 경제적으로 여유 있는 사람들 혹은 그런 사람들을 위한 노인 주거 건물이 있을 수 있고, 농사를 짓기보다 평범한 삶을 살아온 사람들의 삶이 담길 집이 또 다를 수 있죠.

이제 모양성 마을에 지어질 울력터도 마찬가지라고 생각해요. 모양성 마을의 집을 마을 속에서 최선을 다해 만들어 내는 것이 우선이겠죠. 그 안에서 살아가는 과정과 자세하게는 식당, 공방, 카페 같은 공간을 운영하고 경영하는 과정에서 주민들이 자신들의 집을 관리하는 방식이나 자신들의 집을 다루는 방식, 그 집을 활용하는 방식 등 각자의 방법으로 그곳에서 질적으로 높은 것을 캐치해 내는 것이 중요하다고 생각합니다.

모양성 마을에 상업적으로 대단한 투자를 해서 인위적으로 큰 카페를 만들고, 고급스러운 대규모 레스토랑 건물을 만드는 게 훨씬 불편하고 어려운 일이죠.

평범함 속에서, 일상 속에서 질적으로 높고 미래 주민들의 수요를 충족시킬 수 있는 것이 더 자연스러운 일일 겁니다. 어쩌면 그러한 잠재력을 끌어내는 것이 더 어려워질지도 모르겠지만, 그렇다고 포기할 수는 없는 노릇이니까요. 그 길로 향해서 가는 것, 그게 옳다고 봅니다.

우리는 지금 초고령 사회로 가고 있고, 초저출산 사회로 가고 있어요. 이젠 누구나 다 알고 있는 우리나라의 슬픈 현실이죠. 이 얘기는 무슨 얘기가 되냐면 결국 우리나라가 번 영하고 공존하기 위해서는 다민족 국가가 될 준비를 해야 할 수도 있다는 거예요. 사실 그렇지 않으면 우리에게 솔루션이 되어 줄 방법이 없다는 뜻도 되죠. 앞으로의 세계도 그 렇고 취사선택해야 할 영역이 점점 분명해져 간다고 봐요. 그럼 선택을 당하지 못한 남은 영역이 텅 비어 버릴 수도 있죠. 우리와 같은 지방이 더 그래요. 그래서 지역을 청년들이 다가와 찾아내기를 바라는 거죠. 고창이라는 농촌이자 도농 복합 도시의 지역에서는 그 러기 위해서 그들(청년)과 함께 살아갈 수 있는 공간을 만들어 줄 수 있어야 합니다. 궁극 적으로 가게 될 길에 미리 길을 내놓자, 일을 해 두자 이런 뜻이고 저는 조금 더 근본적으 로 일을 해 보자는 관점에서 사회를 바라보고 있어요.

앞서 말한 '청년'이라 함은 우리나라뿐 아니라 다양한 외국 청년들이 들어오는 부분도 생각해 봐야 해요. 현재는 대부분의 외국인을 우리나라의 3D 업종, 즉 노동력이 요구되 고 쉽지만 힘든 일을 해결하기 위한 부분으로 보고 있는 경향이 강해요. 그런 그들이 한 국에서 창업을 하고 싶다면, 한국 사회를 다양한 관점에서 공유할 수 있다면, 한국 안에 서 큰 의미와 활동이 되어 줄 거예요. 한번 생각해 봅시다. 이미 미국이나 유럽은 그렇게 하고 있었어요. 미국에 가면 수많은 외국인이 터를 잡고 살아 나가고 있고 결국 그들이 미국의 성장을 이루어 냈죠. 그러한 방면에서 하인을 불러들이는 게 아니라 다양한 주인 을 불러들인다는 생각으로 크게 열어 두는 거죠. 고창 같은 경우엔 대부분 기업적인 형태 의 농업을 운영하고 있기 때문에 지금 당장 일손이 필요하겠지만, 그것보다 지식과 생각이 있는 외국의 청년들이 들어와 우리와 함께 손을 잡고 나가는 것이 중요하지 않을까 하고 생각을 해 봤으면 좋겠어요. 우리 도시재생이 그러한 것까지 포용한다면 굉장히 좋은 상황으로 변화해 나갈 거예요. 다양한 이들이 지역에서 공존을 해야만 한 사회가 변화하는 톱니바퀴가 움직여지기 시작할 것이잖아요. 이 사회에 노동자들만 잔뜩 포진해 있다면 더욱 많은 지식을 생산할 수 없게 되기도 하고요. 그들도, 그리고 나도, 지역의 모두가 공존하며 생각하는 사람들이 머무는 땅이 되었으면 좋겠습니다. 외국 청년들을 기득권의 입장에서 내려다보는 것이 아니라 지역과 문화를 함께 향유할 수 있는 사람들로 보아야 해요. 지역에 다양한 청년과 많은 사람이 함께했으면 하는 바람입니다.

Q8.

못다 하신 말씀이나 지금까지의 이야기 중에서 강조하시고자 하는 부분이 있으면 한 말씀 부탁드립니다. 주민 혹은 정부에게 바라는 것을 말씀해 주셔도 좋습니다.

진정 모양성 마을 도시재생현장지원센터장

저는 "어떠한 틀 하나가 그대로 해법이다."라는 것은 맞지 않다고 봐요. 그래서 현재의 모든 사업 또한 이것이 모든 것의 정답이 되어 줄 것이라는 맹목적인 믿음이 있지 않아요. 한 번의 시도가 될 수는 있겠지만, 이것으로 모양성 마을이 가지고 있는 모든 문제가 해결될 것이라는 생각은 하게 되지 않더라고요. 그래서 모든 것에 '우리가 목표로 한 것'을 향해서 간다는 전시안(全視眼) 따위의 것이 필요합니다. 어떠한 것을 해내면 곧장 그 목표가 달성되고, 그렇게 해서 훌륭한 결과가 바로 도출된다? 그것이 바로 가능할까? 이런 의심이 항상 존재해야 해요. 사실 그러한 생각과 의심을 통해서 다방면의 결과가 도출되는 것이겠죠.

이학교 옛도심 지역 도시재생현장지원센터장

주민의 입장에서 지역은 마치 자신의 집과 같아요. 이곳은 우리 집인데 내가 주인이 되어야 하지 않느냐 하는 인식을 당연하게 갖고 있잖아요. 지역의 이야기만이 아니에요. 사실 지금 살아가는 사람 모두가 그런 의식을 갖고 있죠. 예를 들면, 어떤 변호사들은 자신의 능력과 권위를 봉사하는 곳에 쓰는 게 아니라 자신의 기득권을 움직이는 데 쓰고 있어요. 의사도 누군가를 살리고 봉사하는 곳에 자신의 전문 기술을 쓴다거나 선행을 했다는 이야기가 잘 안 들려오잖아요. 요즘 주변을 살펴보면 그렇지 않아요? 지금 우리가 팍팍하다고 느끼는 세상이 그래요. 예전에는 따뜻한 마음이 많았고 봉사하고 사람 간의 베푸는 행위도 많았거니와 자신의 능력을 사용하는 것에 대한 인식이 달랐어요. 그런데 지금은 점점 어떠한 전문가든지 대형화가 되고 물질 중심에서 기술을 선택하고 하다 보니까 어느샌가 하나의 리그가 되어 그들만의 이야기를 나누게 되어 가고 있죠. 그러니까 이러한 직업 환경부터 지역이, 세상이, 자신이 주인이며 남들은 하인이라고 생각하는 구조가 당연시되었단 말이죠. 모든 구조가 다 그렇게 되어 있어요. 농업도 한번 보세요, 농민도 돈 많은 자들이 대규모 기업 형태의 농업을 해요. 농민이라는 건 기본적으로 모두를 행복하게 만들어 주는 음식의 식재료를 생산하는 사람들인데 그 안에 자연에서 온 철학이 담겨 있단 말이에요. 그런 철학이 없어지는 거죠. 돈만 있는 거예요. 그러니까 어떻게 되겠어요. 다들 주인만 있으니까 객은 어디에서도 아무런 가치를 느끼지 못하는 거예요. 지역에 와도 큰 동맥의 몇 명을 제외하고는 아무도 여기에서 주인이 아니게 되어 버리니 안 오는 거죠. 지역의 객이 되어 버린 청년들도 다시는 안 오게 되는 거예요. 현재의 청년들은 '나도 주인이 될 수 있다.' 하는 느낌을 느끼고 싶어 하고 목소리 내어 요청하고 있죠. 그런데 어린 청년들은 주인이 될 수 있다는 생각조차도 할 수 없는 구조 속에 살고 있어요. 넓은 영역을 기득권들이 다 장악하고 있으니 청년들은 자포자기하게 되는 거죠. 결국 집과 같은 지역에 오고 싶어 하는 청년들의 고통을 기득권들이 빨리 깨닫고 내려놓아야 하는 거예요. "여기 찾아온 청년들 당신이 주인입니다." 하고 반겨 주어야 해요. 저는 조양관도 그러리라고 봅니다. 조양관에 주인을 모셔야지요, 하인과 손님만 공간에 가득 찬다면 잘 될 수 없다고 봐요. 그 주인은 옛도심의 주민은 물론 지역의 청년일 수도 있고, 도시재생센터의 직원일 수 있고, 고창 인근 지역의 아주 공익적인 그런 분일 수도 있고, 헌신적으로 지역을 발전시키고자 하며 지역을 추구하는 도시 사람일 수도 있고 그럴 거예요. 닫아 두지 말고 크고 넓게 열어 둬야 해요.

Q9.

마지막으로 **여전히 여러분의 마음속에 남아 있는 꿈**은 무엇인가요?
그러한 꿈을 삶에서 **어떻게 펼쳐 나가고 싶으신가요?**

어떻게 생각할지 모르겠지만, 이것 외에는 표현할 방법이 없어서 그대로 말해 볼게요.

이 나이에는 꿈이 없어요. 세월이 이만큼 지나고 나니 말이죠, 내가 할 이야기를 '꿈'이라 하기엔 어폐가 있는 것 같지만 한번 잘 들어 봐 주시겠어요? 항상 주어진 일에 조금 더 최선을 다해서, 지금의 도시재생이 되었든 다른 무엇이든 내 능력만큼 최선을 다했으면 좋겠다는 마음이 제게 있어요. 이러한 아쉬움이 항상 제게 있는 꿈 같은 것이죠. 젊은 사람들이 생각하기에는 어려울지도 모르겠어요. '최선을 다해야겠다.'라고 생각하지만 최선을 다하지 못해요. 이제 삶 자체가 그래요. 그래서 제 꿈은 '최선을 다할 수 있으면 좋겠다.' 하는 마음입니다. 조금 더 스스로 주체성을 가지고, 또 그런 힘이 생기면 좋겠다는 생각 자체가 꿈이 되어 버렸어요. 어떠한 목표가 대단해진 것이 아니라 목표까지 최선을 다할 수 있는 힘, 최선을 다할 수 있는 능력, 최선을 다할 수 있는 지속력, 이런 것이 좀 있었으면 좋겠다고 하는 것이에요. 이 나이가 되니 알면서도 그렇게 하질 못해요. 젊을 때는 '나는 나중에 꼭 출세도 하고, 예쁜 부인도 얻고, 아들딸 낳고, 큰 아파트에 들어가서

282

잘 살아야겠다.' 아니면 '나는 최고의 건축가가 되고 싶다.' 하는 꿈이 있잖아요? 그런 꿈들을 이루어 낼 힘 자체가 꿈이 됩니다.

'주변을 조금 더 예뻐해야지.' 혹은 '누군가를 미워하는 마음을 버려야지.' 하는 마음도 바라게 되어요. 그게 사랑하는 마음의 출발이거든요. '사랑하게 해 주십시오.' 이게 아니라 사랑하는 마음을 가질 수 있는 능력과 힘, 노력 같은 것들이 제게 생기길 바라고 있어요.

많은 시간을 살아갈수록 그런 것들이 어렵더라고요. 누군가 내게 큰일을 해 달라고 해도, 충분히 할 수 있는 일임에도 불구하고 그럴 힘과 끈기, 용기, 능력을 꺼내기 어려워서 주저하곤 해요. 그렇게 되니 이제는 결과가 문제가 아니라 과정이 크게 다가오게 되는 것이죠.

이학교 옛도심 지역 도시재생현장지원센터장

누구보다도 지식인은 자기가 속한 사회에 빚을 지고 있다고 생각해야 해요. 일종의 부채 의식을 가져야 하는 거죠. 왜냐하면 많은 지식을 습득했기 때문이죠. 습득한 많은 지식은 스스로의 자산이 아니라 지역의 자산이라 생각하고 활동해야 해요. 지식의 사회 환원을 실현하는 것에 대해서 두려움을 갖거나 주저하지 않고 싶은 마음이에요. 그것이 내게 큰 이득을 가져다주든 손해를 가져다주든 그게 중요한 게 아니라 '모든 것이 이 지역에 얼마나 도움이 될까.' 하는 생각으로 살아가야 한다고 생각해요. 그저 의무라고 생각해요. 의무라고 생각하면 당연하게 하게 되니까 말이에요. 그렇게 할 거라면 재밌게 하자는 생각이에요. 그리고 저는 교수로서 청년을 사랑하는 것 같아요. 지역에 와 있는 청년 친구들과 이곳에서 함께하는 청년들에게 내가 가진 지식으로 하여금 많은 희망과 또 다른 희망들을 전해 주고 싶어요. 막연할 수도 있지만 청년들과 무언가 함께 해내고 이루고 싶은 마음입니다. 그렇게 고창을 알리고 고창을 명품으로 만들어 내는 것에 도움이 된다면 그거보다 즐거운 꿈이 어디 있을까요?

그 방법으로는 지역의 청년들과 의지가 있는 분들과 함께 고창을 알릴 수 있는 협동조합의 일원으로 나아갈 수도 있는 거고요. 그것이 아니더라도 사람들이 모여 가치를 생산하는 조직체가 계속 발전될 수 있게 제가 가진 인프라를 다 연결시켜 드리고 싶어요. 홍보가 되었든 자본이 되었든 기술을 가진 회사가 되었든 가치 있게 만들어 내는 것에 도움을 드리고 더 널리 연결되고 확장되는 것을 꿈꾸기도 해요.

또 하나는 1년에 몇 차례는 대학 교육의 커리큘럼 속에 '청년들이 지역의 마을을 활성화하고 도시재생에 함께'일 수 있도록 대정부 질의를 통해 만들어 내고자 해요. 왜 이런 생각을 하느냐면, 현재의 우리는 교육의 모순에 빠져 있어요. 한석봉 이야기를 아시죠. 그 이야기로 우리는 그 시대에 철저한 개인주의적인 권력 지향형의 인물을 키워 내는 교육이 있어 왔다는 걸 알 수 있죠. 지역과 부모님과 단절된 채 혼자 열심히 공부하다가 힘들어서 집으로 돌아온 한석봉을 두고 그의 어머니는 "나는 떡을 썰 테니 너는 공부를 하거라." 하며 그에게 말을 했죠. 다시 살펴보면 우리의 슬픈 자화상 같은 이야기예요. 제가 그때의 한석봉 부모였다면 그 아이를 안아 주고 권력의 지향점 밖에서 더욱 인간적인 사람으로 만들어 내는 따뜻함을 주었을 거라는 생각을 합니다. 청년들을 끝없는 욕망의 세상 속에 버려두는 것보다는 함께 지역의 삶과 아픔을 나눌 수 있다면 나라를 더욱 살 만한 세상으로 만들 수 있을 겁니다. 그래서 청년들과 부모님이, 청년들과 나라가, 청년과 고창이 같은 생각과 많은 공간을 공유하였으면 좋겠습니다. 결국 앞서 말한 것처럼 청년이 활동하는 것을 국가가 먼저 나서 도움을 주었으면 좋겠다는 거죠. 단 하루, 한 달이라도요. 대학은 그들에게 정규 학점을 부여해서 재학 기간 동안 고창과 같은 지역은 어떻게 되어 가고 있고, 그 속의 우리 부모님들은 어떻게 살고 있고, 지역의 커뮤니티는 어떠한 문제가 있는지를 인식하고 나서 청년들이 때로는 해결하는 사람으로 남고, 또는 다른 성공을 위해 떠나더라도 그 성공이 다시 지역의 삶으로 연결되는 구조가 되기를 바라고 있어요. 지역의 것은 아무것도 모르는 채로 성공만 덩그러니 가지고 돌아오는 사람은 그 성공의 의미를 진정 이해할 수 있을까요? 결국 권력이 되어 버리고, 어머니의 태도처럼 맹목적인 교육의 결과물이 되어 버리는 거죠.

"얘야, 붓을 들지 말고, 혹여 다시 내려오면 우리의 삶을 들어라."

저는 청년들에게 그런 이야기를 해 주고 싶고, 그런 순간과 지역의 공간을 건네줄 수 있는 시스템을 만들어 내는 것에 도전해 보고 싶은 소망이 있습니다.

책이란 것을 써 보면 써 볼수록 제 글이 얼마나 형편없고 낮은 수준에 머물러 있는지 창피한 느낌만 남습니다. 『도시계획가란? 정체성과 자화상 사이에서』라는 책을 쓰고 나서 어느 순간 베스트셀러도 되어보았지만 2000년대 이후에 읽어 내린 다른 분들의 책을 다시 돌아보며 감히 고개를 들 수가 없었습니다. 그 이유는 이렇습니다. 유홍준 교수께서 쓴 『나의 문화유산 답사기』를 읽을 때만 해도 '와~ 대단하다.'라고 생각하면서 다른 한편으로 '뭐 전공자로서 나도 공간계획과 관련된 책을 쓰면 이 정도는 쓰겠지~!'라고 자만했었는데, 써 놓고 보니 이 얼마나 무지몽매한 자평이었는지 창피한 생각 앞에 고개를 들 수 없었습니다. 무엇보다도 『산사순례』라고 한 권으로 묶어 우리나라의 세계 문화유산 이야기를 풀어낸 책이 나와서 이를 다시 접했는데, '도시'라는 공간에 대해 아무것도 모르는 저의 수준과 유홍준 교수의 수준이 비교되면서 완전히 무너져 내렸습니다. 성경도 수십 번 읽어 봤고, 한글 성경, 영어 성경(NIV, KJV) 그리고 독일어 성경(Lutherübersetzung)까지 비교해 가면서 여러 차례 읽어 봤기에 '이만하면 나도 꽤 성경을 깊이 있게 해석할 수 있는 사람이지~'라고 생각했는데, 박철수 목사께서 쓴 『하나님나라, 기독교란 무엇인가』를 읽으면서 저의 자부심은 거의 '꽝'이나 다름없는 수준으로 박살 나게 되었습니다. 하나님 나라를 향한 그리고 하나님 나라의 가치를 이 땅에 실현하려는 신앙인이 어느 정도까지 낮아지되 깊어져야 하는지 다시 한 번 뼈저리게 느꼈습니다. 조유식 기자께서 쓴 『정도전을 위한 변명』을 읽으면서는 '내가 그렇게 애타게 찾아내고 싶었던 우리나라 역사 속의 공간계획가로 정도전이 있었구나.'라는 것을 깨달으면서 학생들에게 시답지 않게 외국의 계획가들만 떠들어 대던 제 모습이 한없이 부끄러워졌습니다. 김진숙 해고 노동자께서 쓴 『소금꽃나무』, 스베틀라나 알렉시예비치가 쓴 『체르노빌의 목소리』 그리고 박건웅 작가가 그린 『그해 봄』을 읽으면서는 어찌 이 시대의 아픔을 하나도 모르고 나만을 위해 살아왔는지 자신의 모습이 한없이 부끄럽고 창피해졌습니다. 박한식 교수와 강국진 기자께서 인터뷰 형식을 빌려 쓴 『선을 넘어 생각한다』라는 책을 읽다가 우리나라의 평화 통일과 관련된 공간계획으로 학위 논문 주제를 정하고 박사 학위를 땄다고 자부했던 자신이 얼마나 편협된 생각에 갇혀 옅은 물가에서 놀고 있는 어린애 수준이었는지 깨닫고 입을 꾹 다물게 되었습니다. 정진호 교수께서 쓴 『여명과 혁명, 그리고 운명』을 읽게 되었을 때는 '와~ 이 책은 노벨 문학상감이다.'를 연발하면서 내가 태어나기 불과 50여 년 전에 벌어졌던 격변하는 동북아시아의 한복판에서 우리나라와 우리나라의 백성을 위해 몸부림치며 쓰러져 간 독립운동가들의 삶을 하나도 모르고 살아온 나 자신이 부끄러워 고개를 들지 못할 정도였습니다. 한때는 독일에서 읽었던 천여 쪽에 이르는 『서양미술사』 화보집을 통해 미술이 단순히 미술이 아니라 역사의 흐름 속에 나타난 철학의 표현이란 것을 느끼면서, 그리고 파블로 피카소에 빠져서 그와 같은 의식 있는 공간계획가가 되어 보고 싶다는 생각에 피카소와 관련된 책을 탐독하는 데 빠져 보기도 했지만 제 수준은 여전히 고만고만했습니다. 언젠가 절판이 되어 버린 이건섭 건축가께서 쓴 『20세기 건축의 모험』이라는 책을 간신히 구해 읽고, 이강민 교수께서 쓰신 『나는 부엌에서 과학을 배웠다』를 너무나도 재미있게 읽어 내리면서 감동을 받아 나 자신도 수많은 도시계획가의 사상을 헤집고 다니며 나만의 사상을 설파해 보려고도 했지만 저는 그런 수준에 도달하려면 멀고도 멀었다는 생각만 하게 되었습니다.

그러면서도 또다시 이 한 권의 책을 세상에 내어놓습니다. 물론 이 책을 쓰면서도 여전히 책을 통해 누군가와 대화하려고 한다면 적어도 다른 분들의 발뒤꿈치만큼은 따라갈 수 있는 깊이와 높이와 넓이가 갖춰져야 할 텐데, 제 글이 얼마나 옅고 좁게 비칠지 걱정도 되었습니다. 그렇지 못하다면 최소한 세상을 대하는 진정성만큼은 갖춰져 있어야 할 텐데 제 글 속에 앞서 열거한 분들처럼 그런 삶을 산 모습도 없고 그런 생각을 펼친 모습도 없어 걱정이 되었습니다. 지금 수준에서 저를 보면 설익은 열정만 있는 것 같습니다. 전문가적 식견이 충분한 것도 아니고 논리 정연한 지식인의 전문성이 갖춰진 것도 아닌 것 같습니다. 이런 점에서 저는 부족한 것, 질타를 받아야 할 것이 수두룩할 것입니다.

하지만 이 책을 쓰는 것은 저를 내놓기보다 우리가 돌아보아야 할, 저와 함께해 온 젊은이들을 한 번이라도 앞으로 내세우고 싶어서라는 사실을 꼭 말씀드리고 싶습니다. 그들이 우리 마음에 한 번이라도 앞 자리를 차지할 수 있다면 그리고 우리가 그렇게 세상이 변하도록 돌아보는 사람이 될 수 있다면 그것은 제가 이 책을 쓰게 된 가장 큰 이유요, 그래서 그 진의가 잘 전달되기만 한다면 그것이 가장 큰 성과라고 생각하기 때문입니다. '돌아봄', 이것은 이 세상에 존재하는 생명체 중에 인간만이 할 수 있는 유일한 능력이라고 생각합니다.

그래서 다시 묻습니다.

"당신에게 나는 무엇입니까?"

아니, 이제는 고쳐서 바르게 묻고 싶습니다.

"당신에게 나는 누구입니까?"

책이 나오기까지 가까이서 곁에 있어 주었고, 영감을 주었으며, 함께 애써 준 분들의 이름을 순서 없이, 직함도 없이 때로 성도 없이 그저 여기 계셔야 할 분으로 생각나는 대로 열거합니다. '그저'라는 표현을 썼다고 오해하지 않으시기 바랍니다. 이런 열거는 우리가 서로 이렇게 수평적으로 연결된 귀한 존재이길 바라는 마음입니다.

김병식재관박선주서윤희문영수유윤갑이동석이운희정갑묵정수곤한재원김희수주영태최혜미한을허지현권원석박신반영선송진웅정영하조선영자이용규배준수김동호김지훈은혁기유성필황교익김성자이혜경황정욱희라세라혜진박지민수민서동진황수빈유기상이상완김시란말리백승기강주영미현조용곤원동림서종덕양오봉윤황이학교한동욱진정문창호백기태황태규수덕강호균송석기이승일상호영성승미상준근상시훈문채윤정중민수허법률심정민최봉문성진대우승호손동현임홍세김홍배한승헌정연순백인석제정구김윤태근영항집조성우M.Wegener조샘백남철윤은주권일진광성주완정재헌고차원정창무금모김민철찬중양승조최현종진공용김관영문천재정명화백인길서현준김승수박학모홍석송기춘이찬우조준희재영이관용진주동현신후승옥상훈윤식시영임병호유성엽고상진신재형세희김진김용선H.Junius장명수명규영희권용일이명훈인형재수강휴홍문기배정권주정필안홍조임재만김진기대욱수남수완요한재봉윤갑식김규태규수손정민한유석박성용강성용문현웅김한주남수동근태진노기환박정원지훈오선진최옥순충익재덕채가을김재한남규숙충순서병선오현숙유영배양도식성장환

290

서울특별시 성동구 지역공동체 상호협력 및 지속가능발전구역 지정에 관한 조례

(제정) 2015.09.24 조례 제1138호

(일부개정) 2016.07.14 조례 제1201호

제1조(목적) 이 조례는 지역공동체 상호협력을 증진하고 지속가능발전을 도모하기 위해 지역공동체 생태계 및 지역상권 보호에 필요한 사항을 규정함을 목적으로 한다.

제2조(정의) 이 조례에서 사용하는 용어의 뜻은 다음과 같다.

1. "지역공동체"란 주민 개인의 자유와 권리가 존중되며 상호대등한 관계 속에서 지역에 관한 일을 주민이 결정하고 추진하는 주민자치 공동체를 말한다.

2. "지역공동체 상호협력"이란 경제·문화·환경 등을 공유하는 주민 간에 공공의 목적을 위해 노력하며, 도시 생태 공간을 해치지 않는 범위 내에서 서로의 이익을 증진하기 위한 활동을 말한다.

3. "지속가능발전"이란 「지속가능발전법」 제2조제2항의 지속가능발전

을 말한다.

    4. "지속가능발전구역"이란 서울특별시 성동구청장(이하 "구청장"이라 한다)이 지역공동체 생태계 및 지역상권을 보호하기 위하여 지정한 구역을 말한다.

    5. "지역활동가"란 지속가능발전구역 내에서 활동하는 사회적경제기업가, 사회혁신가, 문화·예술인, 소셜벤처, 마을활동가 등을 말한다.

제3조(구청장의 책무) ① 구청장은 서울특별시 성동구(이하 "구"라 한다) 지역공동체의 지속가능한 발전을 촉진하기 위하여 지역 내 상호협력이 증진되도록 노력하여야 한다.

② 구청장은 지역공동체 생태계 및 지역상권 보호를 위하여 공공 임대공간을 확보하도록 노력하여야 한다.

제4조(주민의 참여와 협력) 주민은 지속가능발전을 위한 스스로의 책임과 역할을 인식하고 지역공동체 상호협력을 위해 적극적으로 참여하고, 추진 시책에 적극 협력하여야 한다.

제5조(지속가능발전구역 지정 기본원칙) ① 지속가능발전구역 지정은 다음 각 호의 사항을 목표로 추진한다.

    1. 지역공동체 생태계 및 지역상권 보호

    2. 일자리 창출 및 도시경쟁력 강화

    3. 지역활동가 등의 활동 환경 조성 및 지원

4. 지역의 문화 가치 향상 및 주민역량 강화

② 지속가능발전구역 내 추진사업은 상호신뢰와 연대의식을 바탕으로 주민과 지역의 특성을 살리고 문화의 다양성은 존중한다.

제6조(지속가능발전구역 지정 및 변경) ① 구청장은 지역공동체 생태계 및 지역상권 보호를 위하여 특별히 필요하다고 인정하는 경우에는 지속가능발전구역을 지정하거나 변경할 수 있다.

② 구청장은 지속가능발전구역 지정 및 상호협력에 필요하다고 인정하는 경우에는 예산의 범위에서 행정적·재정적 지원을 할 수 있다.

제7조(지속가능발전계획의 수립·시행) ① 구청장은 지속가능발전구역으로 지정된 지역 내 주민간의 상호협력을 도모하고 지역공동체 생태계 파괴를 예방하기 위해 지역공동체 지속가능발전계획(이하 "지속가능발전계획"이라 한다)을 수립·시행한다.

② 지속가능발전계획에는 다음 각 호의 사항이 포함되어야 한다.

   1. 지속가능발전구역 지정 범위

   2. 「서울시 리모델링활성화구역 지정지침」 제3조제1항에 따른 구역지정안 작성

   3. 「도시재생 활성화 및 지원에 관한 특별법」 제31조, 제32조에 따른 지원방안

   4. 지속가능발전구역 내 임차인 보호 및 지원에 관한 사항

5. 지역공동체 상호협력에 관한 정책의 기본방향 및 추진전략

6. 지역공동체 상호협력사업 추진 및 지원에 관한 사항

7. 그 밖에 지역공동체 상호협력 촉진을 위해 필요한 사항

제8조(지역공동체상호협력위원회의 설치 및 기능) ① 구청장은 지역공동체 상호협력을 위한 사항에 대한 자문·심의를 위하여 서울특별시 성동구 지역공동체상호협력위원회(이하 "위원회"라 한다)를 둔다.

② 위원회의 기능은 다음과 같다.

1. 지속가능발전구역 지정 및 지원에 관한 사항

2. 지속가능발전계획의 수립에 관한 사항

3. 주민협의체 지원에 관한 사항

4. 그 밖에 지역공동체 상호협력에 필요한 사항

제9조(구성 및 임기) ① 위원회는 공동위원장 2명과 부위원장 1명을 포함하여 15명 내외의 위원으로 구성한다.

② 공동위원장은 부구청장과 위촉직 위원 중에서 선출하는 1명이 되고, 부위원장은 위원 중에서 호선한다.

③ 위원은 당연직과 위촉직으로 구성하며, 당연직 위원은 기획재정국장, 도시관리국장, 안전건설교통국장, 지속가능도시추진단장, 보건소장으로 한다.〈개정 2016.7.14.〉

④ 위촉직 위원은 다음 각 호에 해당하는 사람 중에서 구청장이 위촉한다. 다만 금품·향응수수, 배임, 횡령 등 부패전력이 있는

자는 배제한다.

1. 성동구의회에서 추천을 받은 구의원

2. 학계, 시민단체, 건축, 도시계획, 경제 등에서 경험과 식견을 갖춘 전문가

⑤ 위원회의 사무를 처리할 간사를 두며, 간사는 소관 업무 담당 부서장이 된다.〈개정 2016.7.14.〉

⑥ 위촉직 위원의 임기는 2년으로 하고 한 차례만 연임할 수 있다. 단, 위원 결원으로 인해 새로 위촉하는 위원의 임기는 전임 위원 임기의 남은 기간으로 한다.

⑦ 당연직 위원의 임기는 그 직위에 재직하는 기간으로 한다.

제10조(위원장의 직무 등) ① 위원장은 위원회를 대표하고 위원회의 업무를 총괄한다.

② 부위원장은 위원장을 보좌하며, 위원장이 부득이한 사유로 그 직무를 수행할 수 없을 경우 그 직무를 대행한다.

제11조(회의 등) ① 위원회의 회의는 정기회의와 임시회의로 구분하며, 정기회의는 연 2회 개최하고, 임시회의는 다음 각 호의 어느 하나에 해당하는 경우에 소집한다.

1. 구청장의 소집요구가 있을 때

2. 재적위원 3분의 1 이상의 소집요구가 있을 때

3. 그 밖에 위원장이 필요하다고 인정하는 때

② 회의는 재적위원 과반수의 출석으로 개의하고, 출석위원 과반수의 찬성으로 의결한다.

③ 위원회는 필요한 경우 안건에 관련되는 공무원 및 전문가를 회의에 출석하게 하여 의견을 청취하거나 필요한 자료의 제출을 요청할 수 있다.

④ 위원회는 회의록을 작성·비치하여야 한다.

제12조(위원의 제척·기피·회피) ① 위원이 다음 각 호의 어느 하나에 해당하는 경우에는 해당 안건의 심의에서 제척(除斥)된다.

    1. 위원이나 그 배우자 또는 배우자였던 사람이 해당 안건의 당사자가 되거나 그 안건의 당사자와 공동권리자 또는 공동의무자인 경우

    2. 위원이 해당 안건의 당사자와 친족이거나 친족이었던 경우

    3. 위원이 해당 안건에 대하여 자문, 연구, 용역(이하 하도급을 포함한다), 감정 또는 조사를 한 경우

    4. 위원이나 위원이 속한 법인·단체 등이 해당 안건의 당사자의 대리인이거나 대리인이었던 경우

    5. 위원이 임원 또는 직원으로 재직하고 있거나 최근 3년 내에 재직하였던 단체 등이 해당 안건에 관하여 자문, 연구, 용역, 감정 또는 조사를 한 경우

② 해당 안건의 당사자는 위원에게 공정한 심의·의결을 기대하기 어려운 사정이 있는 경우에는 위원회에 기피 신청을 할 수 있고, 위원회는 의결로 기피 여부를 결정한다. 이 경우 기피 신

청의 대상인 위원은 그 의결에 참여할 수 없다.

③ 위원이 제1항 각 호에 따른 제척 사유에 해당하는 경우에는 스스로 해당 안건의 심의·의결에서 회피(回避)하여야 한다.

제13조(위원의 해촉) 구청장은 다음 각 호의 어느 하나에 해당하는 사유가 발생하였을 경우에는 위원을 해촉할 수 있다.

  1. 질병이나 그 밖의 사유로 위원의 임무를 수행하기 어려운 경우

  2. 위원 스스로 사퇴를 원하는 경우

  3. 제12조제3항에 해당하는 데에도 불구하고 회피하지 아니한 경우

  4. 그 밖에 위원의 자격을 유지하기가 현저히 곤란한 사유가 발생하였을 경우

제14조(수당) 위원회에 출석한 공무원이 아닌 위원에 대해서는 예산의 범위에서 수당을 지급할 수 있다.

제15조(주민협의체) ① 주민의 자발적인 참여와 책임에 바탕을 둔 지속가능발전구역 사업 추진 및 지역공동체 활성화를 위하여 서울특별시 성동구 상호협력주민협의체(이하 "주민협의체"라 한다)를 둔다.

② 주민협의체의 구성은 다음 각 호와 같다.

  1. 주민자치위원 등 직능단체 대표

  2. 거주자, 임대인, 임차인 등 이해당사자

  3. 사회적경제기업가, 문화·예술인 등 지역활동가

4. 그 밖에 주민자생단체 등 주민대표

③ 주민협의체의 구성 및 해산에 관한 세부 사항은 규칙으로 정한다.

제16조(주민협의체 기능) ① 주민협의체는 다음 각 호의 사항에 대하여 협의·자문한다.

1. 지속가능발전구역 내 임차권 보호 및 지원에 관한 사항

2. 신규 업체·업소 입주로 인해 지속가능발전사업에 미치는 영향 분석, 입점 허용 등에 관한 사항

3. 지속가능발전구역 추진사업과 관련한 각종 계획에 관한 사항

4. 그 밖에 주민협의체가 필요하다고 인정하는 사항

② 주민협의체는 지속가능발전계획 수립 및 지역공동체 상호 협력을 위한 제안사항에 대한 주민 의견을 수렴하고 그 결과를 위원회에 제출하여야 한다.

③ 주민협의체의 활동 등에 필요한 경비는 예산 범위 내에서 지원할 수 있다.

제17조(입점 업체·업소 등의 조정) ① 지속가능발전구역 내 지역공동체 생태계 및 지역상권에 중대한 피해를 입히거나 입힐 우려가 있다고 인정되는 업체·업소일 경우 주민협의체의 사업개시 동의를 받은 후 입점해야 한다.

② 주민협의체의 동의가 필요한 업체·업소는 다음과 같다.

1. 「가맹사업거래의 공정화에 관한 법률」 제3조에 따른 적용배제에 해당되지 않는 가맹본부 또는 가맹점사업자

2. 「식품위생법」 제36조제1항제3호에 따른 식품접객업 중 단란주점 및 유흥주점

3. 「영화 및 비디오물의 진흥에 관한 법률」 제2조제16호가목에 따른 비디오물감상실

4. 「의료법 시행규칙」 제25조제1항에 따른 안마시술소

5. 그 밖에 지역공동체 생태계 및 지역상권 보호를 저해할 우려가 있는 업체·업소 등

③ 구청장은 제1항에 따라 주민협의체의 사업개시 동의를 얻지 못한 입점 업체·업소의 경우 입점지역·시기·규모 등의 조정을 권고할 수 있다.

제18조(시행규칙) 이 조례의 시행에 필요한 사항은 규칙으로 정한다.

부칙〈조례 제1138호, 2015. 9. 24〉
이 조례는 공포한 날부터 시행한다.

부칙〈조례 제1201호, 2016. 7. 14.〉
이 조례는 공포한 날부터 시행한다.

Wer bin ich?

Wer bin ich? Sie sagen mir oft,
ich träte aus meiner Zelle
gelassen und heiter und fest
wie ein Gutsherr aus seinem Schloss.

Wer bin ich? Sie sagen mir oft,
ich spräche mit meinen Bewachern
frei und freundlich und klar,
als hätte ich zu gebieten.

Wer bin ich? Sie sagen mir auch,
ich trüge die Tage des Unglücks
gleichmütig, lächelnd und stolz,
wie einer, der Siegen gewohnt ist.

Bin ich das wirklich, was andere von mir sagen?
Oder bin ich nur das, was ich selbst von mir weiß?
unruhig, sehnsüchtig, krank, wie ein Vogel im Käfig,
ringend nach Lebensatem, als würgte mir einer die Kehle,
hungernd nach Farben, nach Blumen, nach Vogelstimmen,
dürstend nach guten Worten, nach menschlicher Nähe,
zitternd vor Zorn über Willkür und kleinlichste Kränkung,
umgetrieben vom Warten auf große Dinge,
ohnmächtig bangend um Freunde in endloser Ferne,
müde und leer zum Beten, zum Denken, zum Schaffen,
matt und bereit, von allem Abschied zu nehmen.

Wer bin ich? Der oder jener?
Bin ich denn heute dieser und morgen ein andrer?
Bin ich beides zugleich? Vor Menschen ein Heuchler
und vor mir selbst ein verächtlich wehleidiger Schwächling?
Oder gleicht, was in mir noch ist, dem geschlagenen Heer,
das in Unordnung weicht vor schon gewonnenem Sieg?

Wer bin ich? Einsames Fragen treibt mit mir Spott.
Wer ich auch bin, Du kennst mich, Dein bin ich,
o Gott!

Wer bin ich?

Wer bin ich? Sie sagen mir oft,
ich träte aus meiner Zelle
gelassen und heiter und fest,
wie ein Gutsherr aus seinem Schloss.

Wer bin ich? Sie sagen mir oft,
ich spräche mit meinen Bewachern
frei und freundlich und klar,
als hätte ich zu gebieten.

Wer bin ich? Sie sagen mir auch,
ich trüge die Tage des Unglücks
gleichmütig, lächelnd und stolz,
wie einer, der Siegen gewohnt ist.

Bin ich das wirklich, was andere von mir sagen?
oder bin ich nur das, was ich selber von mir weiß?
unruhig, sehnsüchtig, krank wie ein Vogel im Käfig,
ringend nach Lebensatem, als würgte mir einer die Kehle,
hungernd nach Farben, nach Blumen, nach Vogelstimmen,
dürstend nach guten Worten, nach menschlicher Nähe,
zitternd vor Zorn über Willkür und kleinlichste Kränkung,
umgetrieben vom Warten auf große Dinge,
ohnmächtig bangend um Freunde in endloser Ferne,

müde und leer zum Beten, zum Denken, zum Schaffen,
matt und bereit, von allem Abschied zu nehmen.
Wer bin ich? Der oder jener?
Bin ich denn heute dieser und morgen ein andrer?
Bin ich beides zugleich? Vor Menschen ein Heuchler
und vor mir selbst ein verächtlich wehleidiger Schwächling?
Oder gleicht, was in mir noch ist, dem geschlagenen Heer,

das in Unordnung weicht vor schon gewonnenem Sieg?
Wer bin ich? Einsames Fragen treibt mit mir Spott.

Wer ich auch bin, Du kennst mich, Dein bin ich, o Gott!

Dietrich Bonhoeffer
(1944)

참고 문헌

1. 고창 1번지, 모양성마을이야기, 동산동·동촌동·천북동·모양동 주민 22인의 기록, 발행처 고창군 모양성도시재생현장지원센터, 2021. 12. 발행인 황지욱, 진정, 기획 편집 문화통신사 협동조합, 비매품.

2. 김동진, 임진무쌍 황진, 교유서가, 2021. 07.

3. 김예성, 하혜영, 2022. 05. 12. 국가균형발전을 위한 초광역협력 현황과 향후과제, 국회입법조사처, NARS 입법·정책, 제105호.

4. 김은희·김경민, 그들이 허문 것이 담장뿐이었을까, 창조적 도시재생 시리즈 9 대구 삼덕동 마을만들기, 국토연구원 기획, 도서출판 한울, 2010.

5. 국내 체류 외국인 현황, 법무부 출입국외국인정책본부 제공, https://www.yna.co.kr/view/AKR20210317112500371, 2022. 07. 29. 인터넷 검색.

6. 대한민국헌법, [시행 1960. 11. 29.] [헌법 제5호, 1960. 11. 29., 일부개정]

7. 도로의 구조·시설에 관한 규칙, (약칭: 도로구조규칙) [시행 2015. 07. 07.] [국토교통부령 제223호, 2015. 07. 22., 일부개정]

8. 디트히리 본회퍼, 진노의 잔, 매리 글래즈너 저, 권영진 역. 홍성사, 2006. 01.

9. 마틴 슐레스케, 가문비나무의 노래, 아름다운 울림을 위한 마음 조율, 니케북스, 도나타 벤더스 사진, 유영미 역, 2013. 12.

10. 박찬호, 이상호, 이재용, 조영태, 스마트시티 에볼루션, 유시티에서 메타버스까지, 도시의 진화, 북바이북, 2022. 04.

11. "서울시, 정책자금 지원 소상공인 5년 생존율 55.7%, 전국 평균의 2배", 2020. 01. 20. 김윤태 기자, 기사 입력, https://www.iheadlinenews.co.kr/news/articleView.html?idxno=44206, 인터넷 검색, 2022. 07. 19.

12. "폐업률 90%, 자영업 위기? 문제는 생존율", 2018. 08. 27. 석혜원 기자, 기사 입력, KBS NEWS, https://news.kbs.co.kr/news/view.do?ncd=4029966&ref=A, 인터넷 검색, 2022. 07. 31.

13. 성경, 성경전서, 개혁개정판, 대한성서공회

14. 양영철, 제주특별자치도 5주년 의미와 과제, 기획특집, 제주발전포럼, pp. 2~14, 2011. file:///C:/Users/korea/Downloads/4ee69698b8df4%20(1).pdf, 인터넷 검색, 2022. 07. 10.

15. 이이화, 허균의 생각, 교유서가, 2014. 11.

16. 황지욱, 도시계획가란? 정체성과 자화상 사이에서, 도서출판 씨아이알, 2018.

17. 황지욱, 부동산은 선인가 악인가?, 2021. 04. 참여자치 전북시민연대 회원통신, 통권 243호.

18. 황지욱, 서충원, 광역정부간 협력적 지역계획 방안에 관한 연구, 지역연구 제22권 1호, pp.41~57, 2006. 04.

19. 2020 고창마을 이야기, 발행처 고창군 옛도심지역도시재생현장지원센터, 2020. 10. 발행인 황지욱, 편집기획 사회적기업 문화통신사 협동조합, 비매품.

20. Albert Hirschman, *"The Strategy of Economic Development"*, Yale Studies in Economics: 10.) New Haven: Yale University Press, 1958.

21. *Charles Jencks, "The Century is Over, Evolutionary Tree of Twentieth-Century Architecture"*, taken from Architectural Review, July 2000., p. 77. ; http://singularity.ie/wp-content/uploads/2010/02/3088862107_d917be0def_b.jpg, 인터넷 검색, 2022. 07. 31. 재인용.

22. Dennis Meadows, *"The Limits to Growth"*, Donella H. Meadows et. al., 1972, Universe Books New York.

23. Dietrich Bonhoeffer, *"Wer bin Ich?"*, https://www.dietrich-bonhoeffer.net/fileadmin/media/downloadangebot/dietrichbonhoeffer_wer_bin_ich__handschrift.pdf, 인터넷 검색, 2022. 08. 20.

24. Gerhard Stiens and Doris Pick, 1998, 'Die Zentrale-Orte-

Systeme der Bundesländer', Vol. 56, Raumforschung und Raumordnung., pp. 421~434.

25. Howard, Ebenezer, *"To-morrow: A peaceful path to rea lreform"*, London: Swan Sonnenschein & Co., LTD. Paternoster Square. 1898.; https://en.wikipedia.org/wiki/ Ebenezer_Howard, 인터넷 검색, 2022. 07. 31. 재인용.

26. Howard, Ebenezer, *"A Peaceful Path to Real Reform"*, London SWWAN SONNENSCHEIN & Co., LTD. Paternoster Square. 1898.; https://en.wikipedia.org/wiki/ Ebenezer_Howard, 인터넷 검색, 2022. 07. 31., 재인용.

27. Howard, Ebenezer. *"Garden cities of to-morrow"*, (2nd ed. of To-morrow: A peaceful path to real reform). London: Swan Sonnenschein & Co., 1902.

28. Robert Fishman, *"From the Radiant City to Vichy: Le Corbusier's Plans and Politics, 1928-1942"*, Apr. 23. 2021., MIT Press Open Architecture and Urban Studies · The Open Hand; https://en.wikipedia.org/wiki/Ville_ Radieuse, 인터넷 검색, 2022. 07. 31., 재인용.

감사의 글

    이 책은 고창군도시재생지원센터에서 2020년부터 진행해 온 '도시재생 기록화 사업'의 연속성 속에서 탄생하게 되었습니다. 저술을 맡아 주시고, 도시계획과 도시재생의 이야기 그리고 현장 속 재생활동가들의 이야기를 생생하게 담아 책의 완성도를 높여 주신 고창군도시재생지원센터 전) 센터장 황지욱 교수님께 감사를 드립니다.

    책이 나오기까지 출판을 맡아 힘써 주신 ㈜하움출판사의 문현광 대표님, 신선미 총괄 편집자님, 주현강 편집자님, 김다인 편집자님, 교정에서 편집 그리고 책 속 디자인에 이르기까지 꼼꼼함 그 자체의 능력을 보았습니다. 그리고 박가영 마케팅 담당자의 마음 씀씀이 하나하나에 고마움을 느낍니다. 메시지가 전해지는 표지를 그려 준 디자이너 onthegrim님에게도 고마움을 전합니다.

당신에게 나는 무엇입니까?

1판 2쇄 발행 2023년 8월 17일

저자 황지욱

교정 주현강 **편집** 김다인 **마케팅·지원** 김혜지

펴낸곳 (주)하움출판사 **펴낸이** 문현광

이메일 haum1000@naver.com **홈페이지** haum.kr
블로그 blog.naver.com/haum1000 **인스타그램** @haum1007

ISBN 979-11-6440-230-4 (03530)